U0176344

文物中的物理

戴念祖 著

北京联合出版公司
Beijing United Publishing Co.,Ltd.

《清明上河图》（局部）

《春夜宴桃李园图》（局部）

《女史箴图》（局部）

《纨扇仕女图》（局部）

《松溪钓艇图》（局部）

应县木塔

曾侯乙编钟

曾侯乙编磬

天坛祈年殿藻井（仰视图）

天坛圜丘（上）、回音壁（下）

宣化辽代墓壁画《备茶图》(局部)

赤峰元代墓壁画《茶道图》

马王堆汉瑟

曾侯乙十弦琴

西汉长信宫灯

西汉铜雁鱼灯

目　录

第一章　力学知识　1

一、汉代画像石与简单机械　3

二、从铜奔马说到重心的应用　15

三、天平、杆秤和杠杆原理　19

四、弹簧、弓箭与弹性定律的发现　22

五、从河姆渡的梁木说起　29

六、是谁推动"转轮藏"　34

七、回转器的始祖"被中香炉"　40

八、蒲津桥畔的铁牛与打捞船的创制　44

九、从应县木塔说起　47

十、拱桥与虹桥　54

十一、风筝及其飞行原理　59

十二、矿物药材及晶体知识　64

第二章　光学知识　69

一、从古代的太阳绘画说起　71

二、人造光源与灯具　74

三、镜　82

四、阳燧　89

五、避邪纳福镜与组合平面镜　94

六、从"水晶饼"谈到透镜　99

七、"透光镜"之谜　106

八、雨虹与色散　113

九、影戏　118

十、眼罩和眼镜　120

第三章　声学知识　127

一、编钟及其科学文化价值　129

二、双音钟及其物理原理　140

三、磬与板振动　144

四、琴瑟与弦振动　150

五、律管与管口校正　159

六、朱载堉与等程律　163

七、从贾湖骨笛谈起　169

八、笙簧　173

九、喷水鱼洗　179

十、回音壁与莺莺塔　186

第四章　热学知识　191

　　一、古代取火工具　193

　　二、冰鉴　197

　　三、省油灯与辘轳剑　201

　　四、从烧水泡茶的壁画说起　206

　　五、砚盒中的物态变化　210

　　六、烧窑与火候　213

第五章　电和磁的知识　217

　　一、琥珀与静电知识　219

　　二、兵器、塔刹、屋脊吻兽与尖端放电　223

　　三、从铁矿遗址说到司南　228

　　四、从针碗说起　235

　　五、方位针碗与罗盘　241

参考文献　249

后　　记　261

出版后记　263

第一章　力学知识

汉代画像石与简单机械

从铜奔马说到重心的应用

天平、杆秤和杠杆原理

弹簧、弓箭与弹性定律的发现

从河姆渡的梁木说起

是谁推动"转轮藏"

回转器的始祖"被中香炉"

蒲津桥畔的铁牛与打捞船的创制

从应县木塔说起

拱桥与虹桥

风筝及其飞行原理

矿物药材及晶体知识

一、汉代画像石与简单机械

在我国科学史上，汉代是值得注意的一个发展高峰期。表征这个时代科学发展的，不仅有成熟的钢铁冶炼技术、耕犁的发明和应用等，还有大量的在砖或石板上雕刻的图画（即画像石和画像砖），其绘画内容包括了许多手工业和农业生产的场面。尤其是，当时许多先进的生产工具和生活用器都逼真地描画于这些石块或砖上。例如，山东滕州宏道院出土的画像石中，有描画锻铁作坊与利用橐鼓风的情景；山东嘉祥洪山出土了绘有制作车轮画面的画像石；山东滕州和陕西绥德出土了牛耕与耕犁画像石；四川成都郊区出土了盐井画像石；等等。它们是汉代科学技术的真切记录，更是汉代留传至今的科学艺术珍品。

在这些画像石中，有一些是近代物理学中被称为简单机械的图画。所谓简单机械，就是指它们能够改变力的大小，或改变作用力的方向。例如，杠杆、滑轮、轮轴、尖劈、斜面和螺旋，都属于简单机械。在 19 世纪，齿轮也被列为简单机械的一种。最简单的杠杆是一根用于撬动石块或抬重物的木棍；古代的汲水机械——桔槔，古代的衡器——天平或杆秤，都是杠杆原理的巧妙运用。滑轮，在中国古代被称为滑车，不带摇把的辘轳是滑轮的一种；带有摇把以便使之转动的辘轳，是轮轴的一种具体应用。尖劈，在日常生活中到处可见，从最简单的木楔，到各种质地的刀、斧、针，乃至在汉代被普遍用于耕地的犁铧、犁壁或犁镜，都是尖劈原理的应用。斜面，实际上也是尖劈，不过在物理学和机械学中多指用以升举重物的斜面。将斜面卷起来就成为螺旋，在简单机械中，唯它是西方的发明。除了螺旋之外，汉代画像石描绘了其他所有的简单机械。

1. 桔槔

据统计，汉代画像石中有约 40 幅表现庖厨内容的图画。屠宰、清洗和蒸煮加工食物都要大量用水，因此，与庖厨有关的许多绘画中都有桔槔汲水的画面（见图 1-1）。

图 1-1 中的五幅桔槔图均出自山东。其中，①与④为嘉祥宋山画像石，

图 1-1 汉画像石中的桔槔图

②为临沂白庄画像石，③为梁山百墓山画像石，⑤为济南南张画像石。

从画面上看，在木柱或木架上捆扎一条横木，横木的一端悬吊提水桶，另一端捆扎一石块，这就制成了桔槔。横木的支点到水桶一端，相当于力臂（动力臂）；支点到另一端相当于重臂（阻力臂）。从画面上可见其科学性的是，力臂稍长于重臂。这样，当不汲水时，重臂端力矩大于力臂端力矩，空桶被悬吊在空中；只有施力于力臂，空桶才能升降。当其降落到井中汲水时，由于力臂长于重臂，人所施力可以小于重臂端石块的重力；当提升满水的水桶时，由于重臂力矩的作用，又可以省力地将水桶提到地面。值得注意的是，画面上横木显然是被捆扎在支柱上，而不是在横木上穿孔让支柱穿过它。由此可见，古代人在造桔槔时充分注意到了材料的强度。因为横木一旦被凿孔，破坏了其内部的均匀结构，就容易在使用过程中折断或劈裂。

从桔槔画像石的画面看，悬吊水桶的或是绳索，或是木杆。图 1-1 中的①、②、④和⑤为绳索的可能性大。如①，画面上表现出绳索被手拉的弯曲状态。⑤颇有趣味，它表现了提水人在不留神时，绳子脱手那一刹那的情景：绳子与水桶在空中飘荡，以至于绳索连续打弯，画面模糊不清了。而③，悬吊水桶的显然是木杆或竹竿；为了使水桶降落井中，木杆是斜插入井中的。作为杠杆用的横木，有些笔直，如①、②；有些弯成弧形了，如③、④、⑤。弯成弧形既可能是长期使用致使横木变形的结果，如③；也可能原本就是特意加工成的弧形木或柔性好的竹板，如④、⑤。虽然这些画像是两千多年前的生活写照，但今天仍然可以在偏僻的农村里一一找到它们的对应物。

画像石是汉代的，但桔槔的起源远早于汉代。明代罗颀编《物原》载："伊尹始作桔槔。"传说，伊尹是商汤的贤臣。据此，桔槔起源于公元前 17 世纪。汉代之前，桔槔或作颉皋、楔槔、挈槔、桥衡，或简称槔、桥。《墨子·备穴》载，守城的墨家弟子按照其师墨翟的教诲，当遇敌方挖地道攻城时，便"凿穴迎之"，"以颉皋冲之"。这可能是在桔槔长臂端装上刀具，将它改成挖凿机械或战斗机械了。可见，至晚在战国时期，桔槔已相当普遍。

《庄子·外篇·天地》叙述了孔子的弟子子贡教农夫用桔槔的故事。子贡指出，像桔槔一类机械，"用力甚寡而见功多"，"用力少见功多者，圣人之道"。可是，那农夫宁可抱瓮灌溉田地，也不愿用桔槔一类机械，其理由是，用机械者会产生"机心"，有了"机心"就会"纯白不备""神生不定"。因此，这农夫"羞而不为也"。其实，农夫的理由是该故事编纂者的道德观念而已。

2. 滑轮

滑轮或称滑车，亦见于有庖厨图的画像石之中。图 1-2 中的①、③分别为山东诸城前凉台画像石和滕州庄里画像石，②为山东沂南汉代画像石，④为成都郊区出土的汉代盐井画像石。在古墓出土的葬品中，还有许多具有滑轮的陶井明器，如河南洛阳汉代陶井、洛阳五女冢新莽墓陶井（见图 1-2 之⑤）、湖北随州西城区东汉墓陶井等。无论是画像石还是出土的明器，其滑轮的形制基本相似。

在井架上安装一个滑轮，绕过滑轮的绳索一端悬吊水桶，人手或拉或放绳索的另一端，水桶即产生升降。图 1-2 中①正是这种滑轮汲水操作的描画。一旦提水人失手而让绳索松脱，绳索的两端很可能翻转到滑轮的同一侧，水桶也会因此掉落井中。图 1-2 中的③描绘了这种失手瞬间的情景。①、②、③所绘，都是以两端大、中间细的短圆木所制成的滑轮，有人误以为它们是辘轳[1]。④图描画了滑轮汲卤的情景：绕过滑轮绳索的两端都悬吊着木桶；在井架的上下两层各站立两人，左边两人弯腰上提绳索，右边两人亦

1　李崇州：《农业考古》1983 年第 1 期，页 142；类似的看法，也见于某些对考古文物的报道。

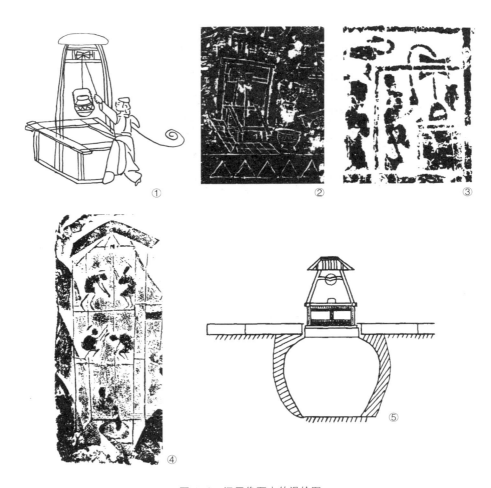

图 1-2　汉画像石中的滑轮图

同时使劲下拉绳索。这样，通过滑轮而达到总是在做有用功的目的。

　　对使用滑轮的极有趣的描绘见于山东嘉祥武梁祠画像石"泗水取鼎"图（见图 1-3）。该故事出自《史记·秦始皇本纪》。传说大禹造了九个巨鼎，以便人们识别善恶。九鼎此后留传各代，成为权力的象征。周赧王十九年（公元前 296 年），秦昭王从周王室取走了九鼎，不幸途中有一鼎"飞"

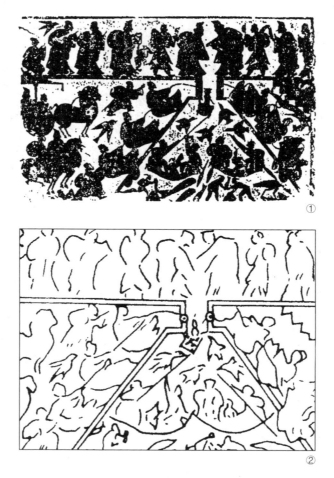

图 1-3　"泗水取鼎"画像石：①为拓本；
②为拓本局部的简单摹绘，从中可见滑轮之所在

入泗水河。后来，秦始皇东海觅神仙，在归途中路过彭城，便命千人入泗水
打捞宝鼎。画像石描绘的正是这一打捞景象：河边两岸各有三人前后接续地
拉动绳索，脚蹬斜坡，弯腰使劲；绳索的一端通过滑轮连在铁鼎上；上下左
右，有许多人围观；当宝鼎刚被拉出水面时，不料一条龙（在画面鼎上）冲

出，咬断绳索。画面生动地刻画了绳索断裂的刹那，两边拉绳人往后仰倒的情景。

从物理学角度看，应用一个定滑轮可以改变力的方向；应用加以适当配合的一组滑轮，可以省力。从已发掘的汉代画像石和相关的明器来看，古代人只用了定滑轮以改变自己用力的方向。

中国至迟在战国时期已运用滑轮升重。记述了许多物理学知识的墨家代表作《墨经》，将滑轮及绕过它牵引重物的绳索统称为"绳制"，并讨论了以"绳制"升重的全过程及用力的情形。

3. 轮轴

轮轴是由相互固定的轮和轴组成的杠杆类简单机械。轮轴在古代种类甚多，辘轳、绞车都属轮轴一类。

辘轳，也写为"鹿卢"，在《墨子·备高临》中亦作"磨（历）鹿"。它虽然大约在春秋战国之际问世，但有关其形制的绘画最早见于汉代画像石（见图1-4之①）。在井架上安装一根两头大、中间细的圆木（也就是滑轮），在圆木端侧插入一根弯曲的铁条，这就是曲轴，俗称"拐把"；悬吊水桶的绳索的另一端在绕过辘轳后被系紧在辘轳上。画面①表现了一人正在摇动曲轴汲水。宋金时代，在金墓壁画上绘有带弧形摇把的辘轳（见图1-4之②）。此后，在元代王祯《农书》中又绘画了带曲轴的辘轳。由此可见图1-4之①的学术价值了。

很有趣的是，有一种极为简单的轮轴被古代人安装于钓鱼竿上，转动其上的曲轴即可使钓鱼的线绳放长或收起。元代画家赵雍的《松溪钓艇图》中，绘一人坐于船头钓鱼，鱼竿上有卷线轮轴（见图1-5）。在古代绘画中，类似的绘画内容并不少见。

绞车是轮轴的另一种形式。在支架上安装一具可绕其轴心转动的短圆

图 1-4 辘轳：①汉画像石；②金墓壁画；③王祯《农书》所绘

图 1-5 元赵雍绘《松溪钓艇图》(局部)

(画面左边为卷线轮示意图)

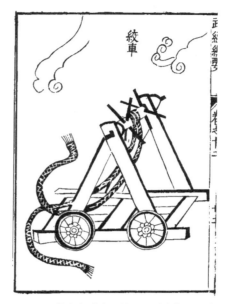

图 1-6 曾公亮《武经总要·前集》绘绞车

图 1-7 宋人绘绞车搬罾图

木，通过圆木穿几根直木杆，搬转木杆可使圆木绕其轴转动，缠绕在圆木上的绳索即可牵引重物。图 1-6 是宋代曾公亮在《武经总要·前集》卷十二中所绘的绞车。在宋人绘捕鱼图中，渔夫利用绞车升降鱼罾，绞车安装在船的一头，鱼罾置于船的另一头（见图 1-7）。

4. 尖劈

尖劈能以小力发大力，以少力得到大效果。以斧劈木的发力情形，就是尖劈作用的结果。古代人很早就利用各式各类尖劈。原始社会时期，人们打制的各种石器，如石斧、石刀、石凿、石锥，或者各种骨制的针、镞等，都属于人类早期制造的尖劈类工具（见图 1-8）。从古到今，在生活、生产和兵器制造方面，尖劈原理得到普遍应用。各种质地的楔子，虽然微不足道，但它在古代一种压力榨油机和木构建筑物上发挥了巨大功用。

在这里，必须强调的是，属于尖劈的一种重大创造就是耕犁的发明。犁的前身是耒耜，它是翻土用具。耒指木柄，耜是翻土用的铲，相当于一种尖劈。在山东济南、江西新干大洋洲都曾发现商代青铜犁铧。在河北易县、武安，河南辉县，山东临淄、滕州，陕西西安，山西侯马以及内蒙古等地，都

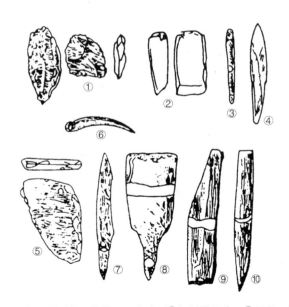

图 1-8　新石器时代石骨器——尖劈：①打制燧石片；②石斧；③石凿；④石镞；⑤石铲；⑥骨针；⑦骨镞；⑧骨钻；⑨骨凿；⑩骨锥

图 1-9　汉代犁耕画像石

曾出土过战国铁犁铧，它们以铸铁为之，多系等边三角形，两边削薄成刃，两边之前端交为犁锋，也即尖劈，其功用在于平切土地。在陕西咸阳、西安，河南中牟等地曾出土过汉代犁僻，或称为犁壁，它们也以铸铁为之，或菱形，或抛物形斜面。犁铧起土后犁壁随即将土翻向某一侧面。在山东滕州黄家岭汉代画像石中，绘有一牛一马共同牵引耕犁的犁耕图（见图 1-9），牛马之后的耕者手扶犁把，犁切地面的锋刃及其上的一段弧线所表示的犁壁，清楚可辨[1]。今天，虽然犁的外形、大小、质地、发动力等方面有了很大改进，而犁铧、犁壁的形状及机制却仍然没有变化。

5. 齿轮

齿轮大量地出现于战国、秦汉时期。在河北邯郸曾发现战国齿轮陶范，在山西永济薛家崖、河南南阳汉代铁工厂、福建崇安等地出土了汉代铁齿轮和青铜齿轮。就齿轮的种类而言，有普通齿轮、棘轮（见图 1-10），有直齿（正齿）轮，亦有斜齿轮和人字形齿轮。当然，还有各种木齿轮。它们被广泛地用于磨、里程计（古代称为"记里鼓车"）、方向计（古代称为"指南

---

[1] 在《陕北东汉画像石刻选集》（文物出版社，1959，图 15）中也有牛耕的绘画，但从画中只见犁铧，而无犁壁。该牛耕画像石于 1953 年在绥德县西门外西山寺出土。

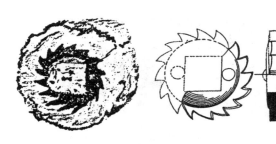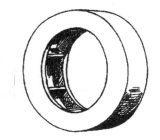

图 1-10　汉代棘轮范和棘轮残件　　　　　图 1-11　汉代轴承

车"）、弓弩瞄准器、天文仪器、天文钟和蔗浆压榨机等机械上。令人兴奋的是，在山西永济薛家崖出土了三件汉代铜制轴承，据说，它们和"现代汽车轮上的滚动珠架"类似，在轴承内分出四格或八格的环形槽（见图 1-11），格内残存有似为滚珠的铁粒。它们大概是汉代某种车轴的附件。由于轴承内有滚珠，再加上润滑油，装上后可以减少摩擦力，大大提高转动速度。

令人兴奋的又一发现是，1985 年扬州考古工作者在江苏邗江杨寿乡出土了新莽时期的人字形铜齿轮和齿轮锁。古代人发明了片状弹簧锁为大家所熟知，今又增加了一项发明，即齿轮锁。

据报道，杨寿乡汉代齿轮为六件，分三组。每组中心穿孔一方一圆。方孔者为主动轮，孔边长 0.6 厘米；圆孔者为被动轮，孔径 0.4 厘米。六件齿轮大小相同，直径 1.6 厘米，厚 0.8 厘米。齿为人字形，中心偏一侧，咬合紧密。第一组 26 齿，第二组 41 齿，第三组 44 齿。三组齿轮均可置于锁形器内。锁形器略作长方体，底方上圆（见图 1-12），器长 5.85 厘米、宽 3.15 厘米、厚 1.1 厘米。其一端（侧面）上部有圆孔，直径 1 厘米，下部一方孔，边长 0.8 厘米；偏一端上部有一方缺，大小恰适置一齿轮；另一端中部偏上有一小圆孔。从上述数据及其图形看，它的启闭机制有可能类似于现代齿轮密码锁。可惜，出土时已失去了其中的一些零件，例如，从侧面可见的那个圆孔，大概是控制锁钥的插口，但这个控制器不存在了。

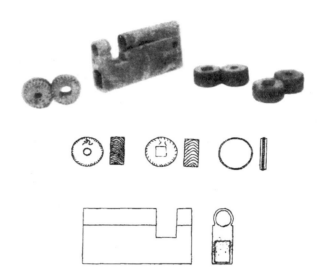

图 1-12　江苏邗江出土的汉代齿轮锁：上，齿轮锁原件；下，分解图

二、从铜奔马说到重心的应用

　　重心也就是物体的重量中心，物体的全部重量都可以看作集中在这一点上。通过物体重心的垂线或垂面若与该物体的支撑面垂直，则该物体处于稳定平衡状态。1969 年在甘肃武威发现的东汉铜奔马，长 45 厘米，宽约 13.1 厘米，高 34.5 厘米。它造型生动，三足腾空，一足落地，宛如在奔跑一般（见图 1-13）。但因其重心垂面刚好与其落地的一足支撑面垂直，即使支撑面很小，表面看来容易倾倒，事实上却是稳定平衡的。它充分体现了古代人对重心与平衡的知识的运用。在我国的大量文物中，类似情形不乏其例。

　　1968 年在河北满城发掘的西汉中山靖王刘胜墓中出土了一具朱雀铜灯（见图 1-14），朱雀展翅，口衔灯盘，双足立于底座边侧。其重心垂面显然

图 1-13 东汉铜奔马   图 1-14 朱雀铜灯

不与其双足重合，而是通过其底座的中心。在文物展览中，我们经常看到先
秦的三足铜爵或三足斝等器物（见图 1-15），其三足一般都往外斜张，使其
重心面垂直地落在以三足点作圆的圆心附近。

　　古代人对重心在理论上也有一定认识。公元前 2 世纪成书的《淮南
子·说山训》写道：

　　　　末不可以强于本，指不可以大于臂。下轻上重，其覆必易。

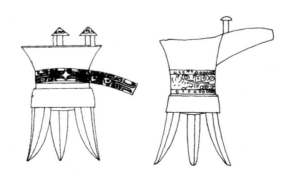

图 1-15 商代铜斝（左）、铜爵（右）

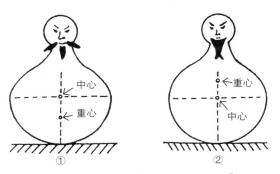

图 1-16 不倒翁（①）和"酒胡子"（②）

　　唐代已有的不倒翁和"酒胡子"，确实与"下轻上重"有关。不倒翁（见图 1-16 之①）的重心偏下，"酒胡子"（见图 1-16 之②）的重心偏上。因此，不倒翁不易倒下；而拨动"酒胡子"之后，它摇摆几次就倒下了。这些儿童玩具或劝酒器的制作，说明古代人具有一定的重心知识。

　　战国时期的《荀子·宥坐篇》曾记周庙藏有一种称为"敧器"的水罐。孔子曾带领其学生进该庙观赏，并做了注水表演实验。结果发现，这敧器的特点是"虚则敧，中则正，满则覆"。孔子以此告诫其学生要保持谦逊的态度。明刻本《孔圣家语图》中还绘有孔子观周庙敧器图（见图 1-17）。所谓敧器，实际上也是一种利用重心特点的器物。当它空时，器身倾斜；当注入一半水时，由于重心下降到器身下半部位，或在支点以下，因此，器身自动正立；当注满水时，又由于重心上升，器即倾覆。

　　在距今 6000 年左右的半坡遗址中，有一种腹大、口小的尖底陶罐（见图 1-18）。有一种意见认为，它是半坡人利用了重心原理制造的汲水罐。它的两个系绳用双环耳在其腹部中央偏下处。由于罐的重量分布不均，其双耳稍低于罐的重心。因此，悬吊于空中的空罐呈倾斜状态；装半罐水时，罐身呈垂立状态；而装半罐以上水时，罐即倾覆。周庙敧器有可能是这种陶罐的

图 1-17   孔子观周庙欹器图

图 1-18   半坡尖底陶罐

发展。无独有偶，在约公元前 13 世纪古埃及第十九王朝的底比斯墓壁画中，
有桔槔汲水浇灌田园图，桔槔上的绳子系着一个类似半坡尖底罐的容器（见
图 1-19）。可见，尖底罐在上古时代的东、西方都曾出现过。但是，另一种
意见不认为半坡尖底罐是汲水用的，而是一种不了解重心法则的陶器废品。
看来，这种意见值得商榷，因为半坡尖底陶罐不只是在西安半坡遗址出现，
而是分布在黄河中上游的大片地区，不可能处处都在造废品。曾在山西垣曲
属仰韶文化早期的遗存中，不仅发现了类似半坡的汲水罐，而且发现了类似
后来称为鬲的三足型罐（见图 1-20）。虽然，这里的汲水罐并非尖底，而是
细小的平底，但其系罐的双耳仍然在其重心偏低的位置。三足型罐也表明了
四五千年前，人们确实具有利用重心与平衡关系的实践经验。

图 1-19 公元前 14 世纪古埃及墓壁画

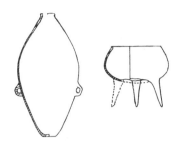

图 1-20 山西垣曲仰韶文化早期遗
址的小平底罐和三足型罐

三、天平、杆秤和杠杆原理

我们所说的"天平",是指其支点两边长度相等的杠杆;"杆秤"是支点两边长度不相等的杠杆。因此,以天平称物,需要与物重完全相等的砝码,才能使其平衡;而以杆秤称物,则要符合"物重(阻力)与重臂的乘积等于权重(动力)与力臂的乘积"的法则。由于杆秤的力臂远长于重臂,因此小权可以与较重的重物在杆秤上达到平衡。这就是通常所说"砣小压千斤"的道理。天平和杆秤都是杠杆原理的极好体现。从物理学角度看,杆秤又比天平要复杂些。

天平和杆秤在古籍中常被统称为"权衡器"。《汉书·律历志》云:"衡权者:衡,平也;权,重也。衡所以任权而均物平轻重也。"《墨经》最早对权衡器的杠杆原理做了理论上的探讨,分别指出使天平和杆秤达到平衡的基本条件。从《墨经》的讨论中,可以知道,至晚战国初年已有天平和杆秤。《慎子》说:"权左轻则右重,右重则左轻。"这个叙述是针对天平说的。《汉书·律历志》云:"权与物钧而生衡。"这说的也是天平。而《史记·仲尼弟子列传》中云:"千钧之重,加铢两而移。"显然,这是针对杆秤说的。因为,当衡器平衡后,在重物端加轻微的重量("铢两"),衡器就会失去平

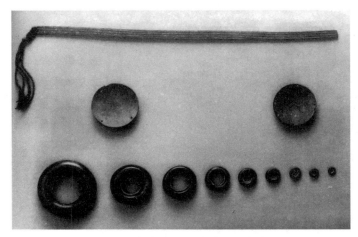

图 1-21　长沙出土战国初年天平和砝码

衡；而要使它再平衡，就必须"移"动秤上权的位置。

迄今，考古发掘的最早的衡器是长沙附近左家公山上一个楚墓中的天平（见图1-21），它是公元前4—前3世纪的文物。其中，最小的砝码重0.6克。由此可见，《慎子》所说"悬于权衡则毫发辨矣"与"悬于权衡则氂发之不可差"，看来是有根据的。

1994年在湖南沅陵木马岭战国墓中曾出土一组五件的砝码，形状与长沙楚墓出土的类似，均为圆环形，其中最轻的一个砝码为1克，最重的为19.2克。后又在湖北江陵九店东周墓中发掘出天平、砝码52件，其中一套砝码6件，分别为8两、4两、2两、1两、12铢和3铢，分别合今日的124.18克、61.75克、30.98克、15.44克、7.64克和2.13克。这套天平、砝码为战国晚期的遗物。这些文物不仅是历史典籍中有关权衡记载的佐证，亦是中国人从公元前四五世纪起已经在实践上知道了杠杆原理的物证。

虽然，文物考古界发现了历代许多权——陶权、石权、铁权或铅权等，但是，天平杆或秤杆（尤其是带有刻度的秤杆）的历史遗物还是太少了，或

图 1-22　张僧繇绘二十八宿神像图之一（摹本）

许是因为木质秤杆在地下易腐烂。否则，我们可以更深刻地了解古代人有关杠杆定律的知识水平。湖北省文物考古工作者曾在纪南城新桥遗址的一座井中，发现了战国时期的一个秤盘，并断其为"天平"。此事尚有蹊跷：若为"天平"，当有两个盘出土；若为杆秤，当有权或秤锤同时出土。秤盘落在井中，此事甚有考究。

直到约公元 6 世纪，南北朝时期梁朝的张僧繇绘画了二十八宿神像图，其中之一为一人手持杆秤称物（见图 1-22）。这是绘画艺术中的科技知识远远落后于科技创造本身的佐证。然而，颇有价值的是，这张图中的杆秤带有三个支点（秤纽）。变动支点而不需换秤，就可以称量较重或较轻的物体。这是中国人在衡器上的重要发明之一，亦表明古代人完全掌握了杠杆定律。此后，北宋皇祐二年（1050 年），阮逸著《皇祐新乐图记》，内画一杆铢秤图。铢秤也是杆称之一，它具有两个支点供人选用。该图又被明代王圻编入《稗史汇编》之中，后又被采入《古今图书集成·考工典》。

就杠杆原理的应用而言，不仅有前述桔槔，还有各种工具的柄、剪刀、脚踏碓、水碓等。用于加工粮食的碓，其碓杆就是杠杆。因其借重力捣碎谷物，故力臂（脚踩端）短，而重臂长。又如弩机上称为扳机或悬刀的拨动机件，亦是杠杆的一种。在织机、水排等机械中，杠杆、连杆、曲轴、踏板相结合，形成了复杂的连杆机构。古代人还创造了可滑动杠杆，如雨伞、阳伞的可折叠撑杆。《汉书·王莽传》描述地皇二年（公元 21 年），王莽令人制造大型雨伞，称为"华盖"，其内有"秘机"，供礼仪之用。2 世纪评注家服虞认为，其内有弯曲接头使其伸缩自如，"其杠皆有屈膝，可上下屈伸也"。有趣的是，在山东嘉祥宋山画像石中也描绘了雨伞（见图 1-23）。图中，一人因股部中箭而卧地不起，左一人为之撑伞遮护，右一人执弓俯身作抚慰状。从图看来，似无可折叠（屈伸）的杠杆，伞盖与伞柄可能是轴套接合的。在以滑动杠杆为基础的创造物中，还有元代一个称为"王漆匠"的人，制造了可折叠船、可折叠天文仪器。[1]

图 1-23　山东嘉祥宋山雨伞画像石

四、弹簧、弓箭与弹性定律的发现

中学物理教科书上都说，弹性定律是由英国物理学家胡克（1635—1703 年）在 17 世纪发现的。他首先发现弹簧的变形量与加于其上的外力成

---

1 杨瑀：《山居新话》卷三十九。

正比，然后将这一规律推广到其他弹性物体上。因此，弹性定律又称为"胡克定律"。

中国古代人何时发明的弹簧？是否也提出了弹性定律？是在测量什么的基础上发现弹性定律的？这是些极有趣的问题。让我们先从弹簧说起。

1. 弹簧及其应用

弹簧有圆柱形螺旋弹簧和盘簧。后者是所有近代机械钟表中的动力设备，在机械钟表和近代力学中都曾起了重要作用。

就弹簧而言，长期以来，人们以为中国古代只有"锁簧"或"撋子"之类的片状弹簧。的确，考古界发现了历代各种铜质或铁质的锁，它们几乎都以片状弹簧为启闭机制。毫无疑问，这种弹簧和这种锁是中国古代人发明的，而螺旋弹簧和盘簧似乎是欧洲人发明的。然而，这种看法被近几十年的考古发现打破。早在春秋战国时期，甚至更早时候，中国人已创制了金属螺旋弹簧和盘簧。

据湖北随州曾侯乙墓发掘报道，在该墓中出土了数以千计的金属螺旋式弹簧，迄今仍可拉伸。其制作材料或为金丝，或为铅锡合金。金丝直径 0.5 毫米；簧长 1.6 厘米，外径 0.45 厘米。铅锡合金丝直径 1 毫米；簧长 2.1 厘米，外径 0.5 厘米。这些弹簧用丝线串联，且缠绕在一个个木团上。类似的弹簧还在湖北襄阳、当阳两地，以及安徽六安等地的春秋末期到战国中期的墓葬之中均有发现。这些螺旋弹簧大多属于拉簧。

盘簧出土于河北新乐中同村、山西原平刘庄等地的战国墓中。它们是以黄金丝制成的。据报道，它们多是耳环装饰物。

令人奇怪的是，虽然出土了大量的螺旋弹簧，但古代人如何应用它们至今仍然是个谜。至少可以说，先秦时期人们并未将它们用于手工业或有关机械。有人研究后指出，它们是古代弋射用器之一。古代人在射猎游乐活

图 1-24　曾侯乙墓衣箱上所绘弋射图

动中，不仅要射取猎物，还要收回箭矢。因此，他们特地制作了一种称为"磻"的绕线轮：穿过并系着弹簧的线绳绕于木心轴上，其轴心可以自由转动；线绳一端系紧于轴上，另一端则系于待发的箭上。当弋者射中猎物，如鸟，即可将箭矢与鸟同时获取。这种用具自然不能太重，以免阻碍箭矢飞行；又不能太轻，以免尚未射死的鸟带着它们飞奔而去。而能够与线绳同时缠绕木轴的最佳器具便是弹簧了。在曾侯乙墓中，随葬衣箱上绘有弋射图（见图 1-24）。从图中可见，被箭矢射中的鸟正在挣扎飞翔，绳的垂地端挂有以横线标绘的弹簧。

　　将弹簧用于弋射，可谓古代人独具匠心的创造。然而，这种应用似乎很难走向发现弹性定律的道路。事实也是如此，古代中国人是在弓箭的制作过程中发现弹性定律的。

2. 弓箭及其弹性定律的发现

　　在中国古代，弓箭的弓是以复合材料制成的。《考工记·弓人》记述的弓包括了六种材料：竹或木、牛角、筋、胶、丝和漆。明代宋应星的《天工开物·佳兵·弧矢》中说，凡造弓以竹木与牛角为正中弓干，中铺牛筋，以胶粘接；胶外护以桦树皮，手握如软绵；再用丝线缠绕，外又涂以漆（见图 1-25）。当弓干制作完成后，将弦装在干体两端（古称两"箫"），弦受到初

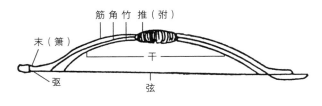

筋角竹推（弣）

末（箫）

干

弰

弦

图 1-25 弓及其复合材料

始拉力，弓干也发生初始变形。当张弓射箭时，弓与弦都发生较大的弯曲变形；一旦箭已射出，弓体向其反方向发生变形。最后张弓时弹性形变消失，并恢复到不张弓时的状态。弓干的这种变形状态，正是所谓的弹性形变。值得指出的是，弓的复合材料极大地增加了它的弹性力。组成弓干的各种材料接合得越紧密，弓的抗拉能力就越大。

弓箭的出现，标志着人类对于固体材料弹性的认识与利用。在山西峙峪旧石器时代遗址中，曾发现一枚石镞，一端具有锋利尖刃，侧边缘有精细加工的痕迹。这枚石镞，距今约 3 万年。这可能是目前为止发现的世界上最早的箭头。在贵阳桐梓马鞍山的旧石器时代文化遗址中，发现了一枚完整的骨镞，它距今 1.2 万至 1.8 万年。有镞，说明有弓箭。可见，中国人使用弓箭有几万年的历史了。

古代人还发明了发射弓箭的机械，称为"弩"（见图 1-26）。它由弩臂和弩机构成。弩臂多为木制，中设置箭的槽；箭干中央套入弩臂前端的弓孔之中，以代替人手握弓。弩机多为金属结构，置于弩臂后端。弩机上设"望山"，即射箭瞄准器；还有弩牙，用以固定张紧的弓弦；机下有"悬刀"，即拨动弩牙的杠杆。悬刀往后拨，弩牙缩入机体内，张紧的弦以其弹性往前收。此时，弓与弦都因恢复松弛位态而产生巨大弹力，同时将置于弩槽面上的箭射出。弩大约发明于春秋时期，考古出土了许多战国铜弩机或其机廓。

由于竹木在地下极易腐烂，因此至今未曾发现保存完好的先秦时期的弓

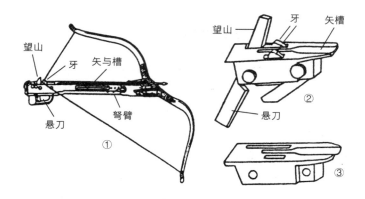

图1-26   战国弩复原图（①）及弩机（②）、弩廓（③）

箭。在湖南慈利石板村战国墓中出土的三件弓，虽已残，但还是保存较好。其弓竹质，弓腰内外各加一层竹片。腰宽、箫窄，通体以麻布密缠，麻绳捆扎，外墨漆。它与先秦典籍记载的弓基本类似。在西安秦始皇陵中曾出土的铜弩机，不仅弩机与其臂为铜质，而且其上弓干也为铜质，甚至弓弦也由多股铜丝扭结而成。这样的弓，其弹力性能自然要比普通弓强得多。

　　从这些弓弩上发现弹性定律的关键是，古代宫廷与官营的工匠制度与军事制度都规定，在制作完成弓之后，必须量其力，以便给各种等级的官吏或武士配用。《考工记·弓人》在叙述弓箭制作程序及规范中曾说："量其力，有三均。"历代注释家，如唐代杜牧、清代戴震等人，对于先秦典籍所载"量其力"不得要领，所谓"三均"之说也众说纷纭，但从现在已有的知识看，先秦时期人们已有一定的测力器或方法，以测定弓弩的弹性力。宋应星《天工开物》记载"以足踏弦就地，秤钩搭挂弓腰，弦满之时，推移秤锤所压，则知多少"，是为"试弓定力"，并绘图（见图1-27）。这样测得的力，可以称为弓的最大弹性力。在材料力学上，它是以重力表示弓与弦的"刚度"，亦即它们的抗变形程度。

在宋应星所言的"试弓定力"中，只要测出弓腰到弦中心点的距离，也就知道了它们的变形量，从而也就知道了变形量与弹力的关系。大概古代人掌握了多种测试弓弩变形量与弹力大小的方法，例如，在弩中，因为弩臂使弓固定，在弩臂上可以方便地测出弓的变形量；将弩垂直放置，在其弦上挂砝码，就可以测出它的弹力大小。

正是由于中国古代的这种技术背景，古代的许多典籍都记述了弓弩的弹力情形。《荀子·议兵》说魏氏之武卒"操十二石之弩"，《管子·轻重甲》说"十钧之弩"，《论衡·儒增》说"车张十石之弩"，《论衡·效力》说"弩

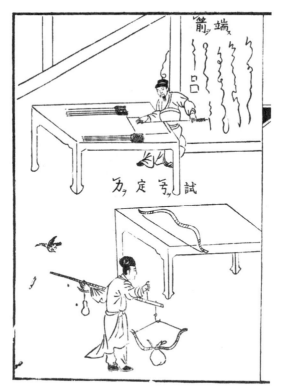

图 1-27 《天工开物》绘"试弓定力"图

力五石"，甚至《史记·穰侯列传》《战国策·秦策二》有"千钧之弩"的记载。一般，一钧为 30 斤，一石为 120 斤，这就可以想见这些记载中的弓或弩的刚度数值了。令人惊讶的是，在属于两汉之际的居延汉简中，据统计有多达 94 处的文字记下了定量的弓弩刚度值。其计量单位不但准确到石、钧，而且有些数据准确到斤或两。例如，编号为一四·二六 A（甲七九四 B）的简中记一弩"今力三石廿九斤"；编号为三六·一〇（甲二六七）的简，记"官第一六石具弩一，今力四石卅（即今四十——戴注）二斤射百八十五步"；编号为三五三·一（甲一七九六）的简，记"夷胡隧七石具弩"，"今力三石卅六斤六两"。居延汉简是在今内蒙古额济纳河流域的汉代烽燧遗址出土的屯戍文书。这些数值记载表明，弓与弩在制作完毕时，要标明它的刚度数值，而在将它们运至边远屯戍地区时还常常要复核其实际刚度。这种大量的反复测量，从而导致中国人发现了弹性定律。

在居延汉简之后 100 余年，东汉经学家郑玄在注解《考工记·弓人》中"量其力，有三钧"时写道：

> 假令弓力胜三石，引之中三尺，弛其弦，以绳缓撅之，每加物一石，则张一尺。（《周礼注疏》）

唐初，贾公彦在疏解郑玄注时又写道：

> "假令弓力胜三石，引之中三尺"者，此即三石力弓也。必知弓力三石者，当"弛其弦，以绳缓撅之"者，谓不张之，别以一绳系两箫，乃加物一石张一尺，二石张二尺，三石张三尺。

郑玄所谓"每加物一石，则张一尺"，或贾公彦所谓"加物一石张一尺，二石张二尺，三石张三尺"，都将弓所受的外力及其变形量的正比关系表述得清清楚楚，真是言简意赅，而用不着多加任何解释了。而诸如居延汉简等文书档案也为该定律的可能的发现过程提供了历史佐证。

在郑玄之后约 1500 年，胡克通过对螺旋弹簧的拉伸实验才发现弹性定律，他总结说：一分力使弹簧伸长一个单位，二分力就使它伸长二个单位，三分力就使它伸长三个单位，依此类推。他还将这个实验规律推广到所有弹性体之中，诸如金属、木料、石块、毛发、蚕丝、骨肉、玻璃等。他的发现被后人称为"胡克定律"。现在，有人提出，应当将这个定律称为"郑玄-胡克定律"。

郑玄，字康成，北海高密（今属山东）人，东汉著名经学家。《后汉书·郑玄传》载，郑玄幼时入太学，"日夜寻诵，未尝怠倦"，后游学十余年。归里后，聚徒讲学，弟子多达千人。他"博稽六艺""质于辞训"，又精通历算。因党锢事被禁，遂潜心著述。史称郑玄注解《周礼》是"囊括大典，网罗众家"。因此，发现弓的弹性规律的人，应在郑玄之前，很可能是造弓的弓人或量度弓的弹力的守边战士。当然，郑玄也完全有条件发现它。至少可以说，他记下了他的同时代人的有关发现。总之，从《考工记》成书的春秋末年起，中国人对弹性定律就并不陌生了。

五、从河姆渡的梁木说起

屋栋、柱梁承受巨大载荷，自然要有足够的强度。选择合理截面的梁木，就能增加强度。根据材料力学实验，如果圆形梁木与矩形梁木的截面大小相同，那么矩形梁的强度要大于圆形梁。

在人类文明史中，起初人们以为，原始形状的圆木比加工成其他形状的梁木更坚固。后来发现事实并非如此，于是，将圆木加工成方木或矩形木作为屋梁。在应用矩形梁时，如果依据梁木在地面上的自然稳定位置，将其截面长边 a 作宽度、短边 b 作高度（见图 1-28）架于屋上，也容易招致梁断屋塌的后果。这种教训或许使人们懂得，架梁时必须将其在地面的自然位置倒过来，以其长边 a 作高度，从而安全度大大加强。

　　与西方砖石建筑传统相比较，中国的建筑传统是木结构。令人惊讶的是，近年考古发现，中国的木结构建筑起源甚古，在公元前 5000 年左右的浙江河姆渡遗址中，发现了具有榫卯结构的木建筑的房屋遗存。房屋由桩、柱、板、梁、枋等构件组成，榫卯的式样多达十余种，如现在称谓的燕尾

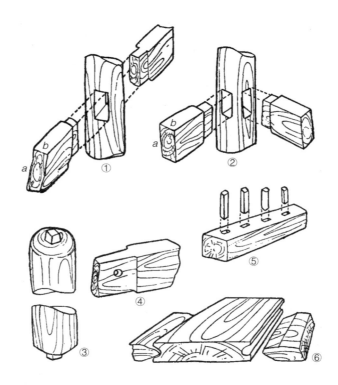

图 1-28　河姆渡遗址的梁木及其榫卯接合方式：①梁头榫；②转角柱；③柱头和栓脚榫；④带梢钉孔的凸榫；⑤栏杆上的榫与卯；⑥企口板及其榫卯

榫、梁头榫、双凸榫、柱头榫、柱脚榫、企口榫、双叉榫等。其中许多木件的榫卯相接，几不见缝，而当时的工具都是石斧、石凿之类。更令人惊讶的是，河姆渡遗址中有截面（高×宽）为 32 厘米×10 厘米、26.5 厘米×11 厘米、13 厘米×19 厘米等的矩形木梁和木枋。尤其是有几十根梁头榫，其截面（高×宽）为 22.5 厘米×5.5 厘米，高与宽之比近似于 4∶1。这个经验的截面数据在远古时代是相当科学的。河姆渡的木构建筑表明，古代中国人似乎从一开始就对梁木截面及其架放的位置有着比较合理的认识，他们似乎并未经历过科学史家所假定的对梁木的认识由浅入深、由错误到正确的历史过程。

从河姆渡遗址中高宽比为 4∶1 的梁开始，经过几千年的反复实践、加深认识，到唐宋时期，人们对梁木的高宽比数的认识有了一个飞跃。为了结合文物讨论问题，让我们越过这几千年的历史及大量的有关文字记载，而直接看看唐宋时期的建筑遗物。

根据对现存的唐宋年间 34 座建筑[1]的木梁、枋、枕等构件的实测，唐至五代 3 座建筑 19 件梁类构件中，高宽比在 $\sqrt{2}\∶1$ 以上者 10 件，占 52.6%；宋代 31 座建筑物 102 件梁类构件中，高宽比在 $\sqrt{2}\∶1$ 以上者 79 件，占 77.5%。这个统计数表明，唐宋年间的大多数建筑的梁木高宽比是比较合适的。它们比河姆渡遗址中的木梁高宽比为 4∶1 的状况已经有了极大的进步。

我们再看一些重要的木构建筑实例。表 1–1 列出了从南禅寺大殿到华林寺大殿五座建筑的主梁和平梁截面的具体数值。除了华林寺大殿的主梁和平梁几近正方形外，多数梁木的高宽比在约 3∶2 的数值上，仅南禅寺大殿的平梁和佛光寺大殿的主梁的高宽比值与 3∶2 的误差稍大些。

---

1 这 34 座建筑有：唐代南禅寺、佛光寺、镇国寺的大殿，宋代华林寺大殿、独乐寺山门和观音阁、永寿寺雨花宫、莆田玄妙观三清殿、瑞光寺塔、保国寺大殿、奉国寺大寺、晋祠圣母殿、兴教寺塔、广济寺三大士殿、开善寺大殿、善化寺大殿、严华寺海会殿、隆兴寺、应县木塔等。

表 1-1 唐至五代重要木构建筑实测

建筑名称	立梁		平梁	
	截面（高 × 宽，厘米）	高宽比	截面（高 × 宽，厘米）	高宽比
南禅寺大殿	45 × 33	3：2.2	33 × 27	3：2.45
佛光寺大殿	54 × 43	3：2.38	45 × 33	3：2.2
天台庵大殿	39 × 28	3：2.15	27 × 19	3：2.11
镇国寺大殿	41 × 28	≈3：2	44 × 28	≈3：2
华林寺大殿	54 × 59	几近正方	52 × 56	几近正方

位于今黑龙江省宁安市东京城镇的渤海上京龙泉府建筑遗址特别有意思。上京为唐代渤海国（689—926 年）的五京之一，为都历时 160 多年。其兴建的确切年代不详，但据推测为公元 793—926 年间。据对上京龙泉府宫殿建筑实测，其中有许多材料高宽比或是完全的或是近似的 3：2（见表 1-2），而它是一座仿唐的建筑。

表 1-2 上京龙泉府宫殿建筑材料实测的数据

名称	截面（高 × 宽，厘米）	高宽比
第一宫殿	27.3 × 18.2	3：2
第二宫殿	10.2 × 6.8	3：2
宫城正南门楼	27.3 × 18.2	3：2
第三宫殿	23.8 × 15.9	≈3：2
第四宫殿	23.8 × 15.9	≈3：2
第五宫殿	22.2 × 14.7	≈3：2

在元代，于公元 1262 年之前建造的山西永乐宫三清殿，于 1270 年建造的河北北岳庙德阳殿，于 11 世纪末建、14 世纪中叶重修的西藏日喀则夏

鲁寺，其中梁木截面的高宽比更趋近于 3：2 的数值（见表 1-3）。而远离元
大都北京的夏鲁寺，可能是完全按照元朝廷官方的营建制度中所确定的梁木
材等数据而设计、建造的，因此，其梁截面高宽比是完全的 3：2。

表 1-3　山西、河北、西藏三座元代建筑梁木实测数据

建筑名称	构架形式	建筑年代	梁木截面（厘米）	高宽比
山西永乐宫三清殿	殿	1262 年之前	20.7×13.5	≈3：2
河北北岳庙德阳殿	殿（重檐）	1270 年	21×14	3：2
西藏夏鲁寺夏鲁拉康二层正殿	厅	11 世纪末建，14 世纪中叶重修	17.28×11.52	3：2
西藏夏鲁寺夏鲁拉康二层侧殿	厅	11 世纪末建，14 世纪中叶重修	17.28×11.52	3：2

我们之所以罗列这么多建筑文物的梁木截面数据，不仅是因为从中可以
看出，人们对横梁强度的认识在发展与进步之中，而且其中蕴含了一个重要
的材料力学的理论发现。在唐代及宋初建筑实践的基础上，北宋晚期，主持
京城和皇宫建筑的将作监李诫（1035—1110 年）于绍圣四年（1097 年）奉
敕重修的《营造法式》一书，总结了在他那个时代及其之前的营建经验，并
且成为后世的营建制度而影响颇为久远。李诫在其书的卷五《大木作制度》
中就横梁截面问题写道：

凡梁之大小，各随其广分为三分，以二分为厚。

广三分，厚二分，是加工梁木时的数据。"分"是材分，即比率。放置
梁木时，却是将其截面的长边为高、短边为宽。因此，这种梁木的高宽比就
是 3：2。这个比数是中国古代材料力学的重大成就之一。

《营造法式》一书承上启下，功不可没。倘若以它成书的 11 世纪末作为中国人对横梁截面的理论认识成熟的年代，那么，这一认识要比西方人至少早 4～6 个世纪。在西方，最早进行梁木承重实验的是画家、工程师达·芬奇（Leonardo da Vinci，1452—1519 年）。但他没有认识到高宽比在横梁承重中的重要性。后来，近代科学的创始人伽利略（1564—1642 年）在其著作《两门新科学的对话》中描述了矩形梁竖放和平放的承重实验，得到竖放梁木的抗断裂能力比平放的抗断裂能力大的结论，但他亦没有找到一个恰当的比例数。直到 1702 年，法国数学家和物理学家帕朗（A. Parent，1666—1716 年）讨论了从圆木中截取具有最大强度矩形梁的方法，其结论是，梁截面的高宽比应是 $\sqrt{2}:1$。又过了一个多世纪，英国物理学家托马斯·杨（Thomas Young，1773—1829 年）在 1807 年证实，刚性最大的梁，其高宽比为 $\sqrt{3}:1$；强度最大的梁，其高宽比为 $\sqrt{2}:1$。《营造法式》总结的比数恰好在杨氏实验的两个比数之间。或许，李诫既考虑了材料的刚度，又考虑了它的强度，才做出了 3∶2 的选择。

六、是谁推动"转轮藏"

所谓"转轮藏"，是佛教寺庙中藏书或供佛用的特殊的木构建筑，其外形类似宫灯或园林中别致的小亭，其构架主体类似一个可转动的大木轮，由此称之。有些地方称它为"飞天藏""壁藏"。它们是佛教文物中颇具科学价值的文物精品。

据报道，迄今尚存的转轮藏建筑有四座，它们是：河北正定北宋隆兴寺转轮藏、四川江油窦圌山南宋云岩寺飞王藏、山西大同辽代华严寺壁藏，以及四川平武明代报恩寺转轮藏。这些建筑在历代几经毁坏，又几经修葺。迄今，转轮藏大多只剩主体木构件，而其外表装饰早已荡然无存。从现存的主体构件看，这四座转轮藏是基本相同的木构建筑。

我们以河北正定隆兴寺转轮藏为例，先了解一下它的构形。它的主体木构件有二：一是以大厚木板做成的轮台，二是通过轮台中央的木质轮轴。该结构置于转轮藏殿之中。藏殿分上下两层，除下层为转轮藏外，沿转轮藏右侧的楼梯可达上层，上层陈列佛像、佛经。

转轮藏的轮轴或称"藏轴"，由一根径约 50 厘米的楠木制成。其上端安装于二层楼的巨型厚木夹板之中。其下端呈尖形，又称"藏针"，外围包裹铁料，置于地面圆池内。支撑轮轴下端的是一个特制的生铁轴托，埋于圆池之中。这个轴托，又称为"铁鹅台桶子"。在藏针与铁鹅台桶子之间放入滚轴，注入润滑油，使其转动轻便。在地面以下圆池中那段轮轴上，安装众多木质斜撑，以此支撑整个藏的转动台面（见图 1-29）。轮台直径约 7 米，在

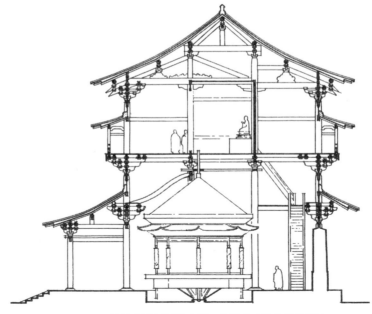

图 1-29 转轮藏殿剖面图（殿下亭子式建筑为转轮藏）

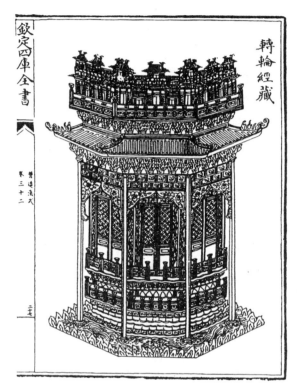

图 1-30 《营造法式》绘转轮藏外表式样

台面上构筑木结构宫灯或亭榭式建筑（见图 1-30）。隆兴寺转轮藏为八角形，由八根内柱、八根外檐柱，以及众多横枋及斜木构成。藏外观为重檐亭子形，下檐为八角形，上檐为圆形。如果在轮台八根外檐柱上饰以绢丝或布料、彩纸做成藏帐，轮台内的情景就不可见了。台内藏佛像或经书，大概也只有方丈在一定时候才向虔诚信徒展示。在佛寺的藏经楼下建造这样一个巨大转轮，是借此向信徒们显示"佛法无边""法轮常转"的教义。

据梁思成考，隆兴寺转轮藏建造于北宋皇祐年间（1049—1054 年），当在宋代建筑师李诫编修《营造法式》一书之前。《营造法式》书中留下了极其细密的转轮藏外形图（见图1-30），并叙述了它的制作规范。就其中的主要部件，该书卷十一写道：

> 造经藏之制，共高二丈，径一丈六尺；八棱，每棱面广六尺六寸六分；内外槽柱，外槽帐身柱，上腰檐，平坐，坐上施天宫楼阁。八面制度并同，其名件广厚皆随逐层每尺之高积而为法。
>
> 转轮高八尺，径九尺。当心用立轴，长一丈八尺，径一尺五寸，上用铁铜钏，下用铁鹅台桶子。其轮七格，上下各扎辐挂辋，每格用八辋，安十六辐。盛经匣十六枚。

从这些记载看，转轮藏主要用于藏经匣。所谓"外槽帐身柱"，即前述八根外檐柱上悬挂布帐，以免灰尘落入藏内经匣上。要想读其中某本经书，只要转动藏身，找出藏有该经的经匣即可。它的方便之处是，取经书者不必绕轮台而转，只需转动轮台即可。我们感兴趣的是，转动如此巨大而笨重的轮台，是用水力、畜力、人力或其他？

根据有关的文物报道以及笔者于1983年对隆兴寺转轮藏的考察，均未发现其附近设有畜力或水力牵动设施，也无地下通道供人从地上钻到地下圆池中，以便推动它。有报道说，转轮藏外观四层中的第一层，"下设圆形踏板，以供信徒推动站立"，"至今凭助二三个人力，仍可徐徐转动"。这个报道可能是推测性的。

试想，如果推者双足站立于第一层圆形踏板上，此时推者与轮台构成一个系统，根据作用力与反作用力相等的原理，无论多大的力也不能推动轮台转起来。推者至少要一足立于地面上。如果以二人至三人的力才可使轮藏徐徐转动，似乎在"佛法无边""法轮常转"的教义下显得有些笨拙。事实上，使转轮藏转动的方法极为巧妙。无须大力士式壮夫，只要一个年幼的小

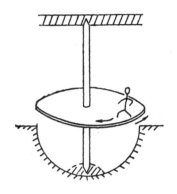

图 1-31 小和尚与转轮运动方向示意图

和尚在台上绕轴转着走，转轮藏就会慢慢地以和他相反的方向转起来（见图1-31）。由于转动惯性，一旦转轮藏转动之后，它就会越来越快地转动。此时，小和尚可以在台内坐下休息片刻。待其转动减慢之后，小和尚再站起来转着稍走一会儿，转轮又会因其惯性而越来越快地转动。这样，在佛教盛典之日，就可以向虔诚的信徒表演"法轮常转"的教义了。

这个转轮藏，实际上就是物理学上动量矩守恒原理的应用。绕固定轴转动的刚体的动量矩为其转动惯量（I）和转动角速度（ω）的乘积。在无外力矩作用时，动量矩应当保持恒定，即 $I\omega$ 为常数。站在轮台上的人和转轮藏本身共同构成一个刚体整体，人绕轴顺时针方向走动的结果必然要引起转轮藏反时针方向转动，以保持其整体的动量矩守恒。这样，只要在转轮藏内有一个人绕其轴走动，外表看来是庞然大物的轮藏就缓缓地反方向而转。加之，藏身帐帘垂布，装饰严密，人们看不见藏内有人走动，古代人又不明白动量矩守恒的道理，因此，"佛法无边""佛转法轮"或"法轮常转"就显得神奇非凡了。

虽然古代人在理论上不知道动量矩守恒原理，但是，这些留存至今的各个转轮藏都是他们充分应用动量矩守恒原理的历史佐证。

转轮藏在中国的出现远早于宋代。《水经注·淄水》引《列仙传》说："请木工斤斧三十人，作转轮、造悬阁，意思横生。"《列仙传》旧本题汉刘向撰，可能在汉代已有颇大的转轮楼阁。宋代叶梦得（1077—1148 年）曾撰写《建康府保宁寺轮藏记》，今载其《石林居士建康集》卷四之中。建康府即今南京。他写道，自东汉永平（汉明帝年号，58—75 年）以来，传入中国的佛经日渐增多，到南朝梁普通年间（520—527 年），"复有异人为之转轮以运之，其致意深矣"。显然，叶梦得记述的转轮比《列仙传》所载晚得多。叶梦得进而写道：

> 吾少时，见四方为转轮藏者无几。比年以来，所至大都邑，下至穷山深谷，号为兰若，十而六七。吹蠡伐鼓，音声相闻，襁负金帛，踵蹑户外，可谓甚盛。

宋高宗绍兴（1131—1162 年）初年，叶梦得为"江东安抚大使兼知建康府"，得知建康府保宁寺建转轮藏。从叶梦得记述看，转轮藏在南北宋之际盛行于寺庙。佛教建之，道教也仿建之。今存的四座转轮藏中，较早的为山西大同华严寺壁藏，它建于辽兴宗重熙七年（1038 年）；在它之后 15 年，河北隆兴寺转轮藏建成。江油窦圌山飞天藏建于宋淳熙八年（1181 年）。这三座转轮藏在叶梦得记述的保宁寺转轮藏之前约 100 年，或之后约 50 年。而尚存的平武报恩寺转轮藏为明正统十一年（1446 年）初建。中国人在长达千余年甚而两千年间，对转轮藏兴趣不衰，大概不仅因为佛教信念和轮藏本身的建筑工艺美，还由于其蕴含着令人惊叹的科学原理吧！

七、回转器的始祖"被中香炉"

在近代力学中，回转器被用以研究回转运动的特性。它由几个轴心线互相垂直的金属环构成，有几个金属环就称为有几个自由度。这些金属环结构，在物理学上被称为平衡环，在工程上被称为常平支架或万向支架。最内层的金属环轴心线上置一陀螺，或是一个具有较大重量的圆轮，如图 1-32 中的 AA' 轴上置陀螺或圆轮一样。中心具有陀螺或圆轮的整个金属环结构又称为陀螺仪或回转仪，它是航空、航海中不可缺少的仪器之一。如果在陀螺或圆轮位置换上盂形或半圆形容器，由于互相垂直的各个机环的转轴彼此制约，以及容器本身的重心影响，容器内所置放的任意形态的物质都不会发生倾倒、逸出的现象。这实质上就是古代中国人发明的所谓"被中香炉"。

被中香炉又称卧褥香炉、熏球、木火通、香球、灯球等。它们的结构相同，名称是随其用途而变的。据《西京杂记》卷一记载，西汉长安巧工丁缓最早发明了这样的仪器：

> 长安巧工丁缓者……又作卧褥香炉，一名被中香炉。本出房风，其法后绝。至缓始更为之。为机环，转运四周，而炉体常平，可置之被褥，故以为名。

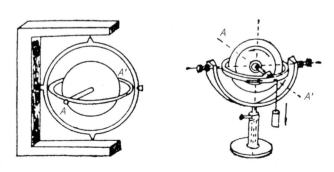

图 1-32　近代两种回转器

　　丁缓其人生平事迹，史籍均无记载。他可能是西汉宫廷中的巧匠。所谓"机环"，即轴心线相互垂直并活动接合的各层金属环。所谓"炉体常平"，是指内环轴上悬挂的容器时刻保持平衡位置，不会翻倒（见图 1-33）。在这个容器内盛入引燃生烟的香草，并将该仪器放进被褥之中，以达到焚香除臭、熏烟灭虫的目的。这就是被中香炉或卧褥香炉。

　　收录于《古文苑》中的汉代司马相如（约公元前 179—前 118 年）的《美人赋》一诗中有"金钷薰香，黼帐低垂"之句。据考，"金钷"就是"香球，衽席间可旋转者"。可见，"金钷"也是被中香炉。汉以后，历代典籍对

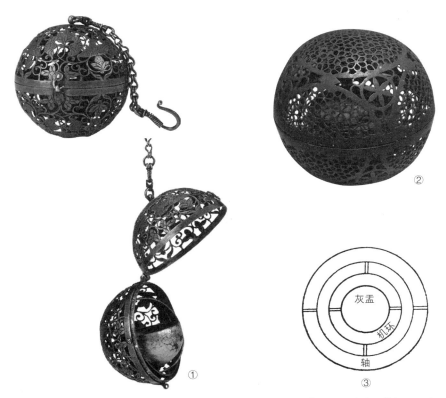

图 1-33　被中香炉及其机环示意图：①唐代银熏球；②明代铜熏球；③机环示意

被中香炉屡有记述，如唐代徐坚《初学记》，宋代洪刍《香谱》、赵令畤《侯鲭录》等。明代屠隆在《考槃余事》中记述卧褥香炉如下：

> 以铜为之，花文透漏，机环转四周，而炉体常平，可置之被褥。

明代田艺蘅在《留青日札》卷二十二中记述一种香球：

> 今镀金香球，如浑天仪然，其中三层关捩，轻重适均，圆转不已，置之被中，而火不覆灭，其外花卉玲珑，而篆烟四出。

这个香球，也是被中香炉。所谓"三层关捩"，就是三层机环结构。

除此之外，历代制作了其他用途的种种平衡环。宋代李昉《太平广记》引唐代张鷟的《朝野金载》说，武则天如意元年（692年），来自海州的一位工匠"作木火通，铁盏盛火，辗转不翻"。所谓木火通，即今之火笼，是一种手提的烤火取暖器。在平衡环的内环轴上挂铁盂，内盛炭火，可取暖，且不用担心火炭因故掉落而烧毁衣物或烫伤身体。

宋代周密《武林旧事》、吴自牧《梦粱录》都是记述南宋京城旧事之作。在《武林旧事》卷二、卷九中，在《梦粱录》卷一、卷十三、卷十九中，都记述了一种可能是节日舞龙灯用的"灯球"，一种妇女佩挂的小巧的"香球"。舞龙灯用的灯球历代相传至今。将平衡环安装在木棍一端，其内环装上盛油脂的容器。无论舞灯人如何挥舞灯棍，灯球内灯火不会掉落。香球，类似前述田艺蘅的描写，在内环上装上一个雕孔半圆盒，盒内放香料。这两种器物，也就是明代王文禄在《海沂子》卷二中述及的"香球、滚灯"。王文禄说香球、滚灯"外虽旋转，而香烛原不动也"。

与这些文字记载相映成趣的是，考古界的确发现了许多平衡环。1963

图 1-34 流散于欧洲的平衡环：①欧洲的铜熏炉；
②清代西藏铜灯球的内部结构

年在西安东南郊沙坡村发现四件唐代银熏球，其中两件内径为 4.8 厘米，有
两个机环三个支轴。中国国家博物馆藏有明代铜熏球（见图 1-33 之②）一
件，内径 12.8 厘米，也为两个机环三个支轴。北京文物工作者还曾收购一
件清乾隆年间铜熏炉，内径为 17.5 厘米，这是有三个机环、四个支轴的平
衡环。1970 年又在西安南郊何家村发现了内径为 4.5 厘米，盛香料佩戴用
的唐代银熏球（又叫葡萄花鸟纹银香囊，见图 1-33 之①），其内部结构与
1963 年在西安沙坡村发现的相同，或许它们出自同一个银匠或工艺师之手。
还有许多这样的文物已流散于国外（见图 1-34 之①），如日本奈良正仓院
收藏的唐代被中香炉；大英博物馆、肯普收藏馆（Kempe Collection）收藏
的唐代银熏球，如同陕西出土的唐代银熏球一样；罗马圣彼得收藏馆（St.
Peter Collection）珍藏的南宋时期的熏炉。李约瑟博士于 1950 年在巴黎市
场上目睹欧洲人出售清代西藏制铜灯球，他因此购买并收藏了其中的一个
（见图 1-34 之②）。这种西藏铜灯球有五个机环、六个支轴，是历史上自由
度最多的一种平衡环。在机环中心装有壶形灯盏，盛上油供寺庙内点灯用。

　　类似中国的被中香炉在欧洲称为"卡丹吊环"（Cardan suspension）。

因为意大利数学家和工程师卡丹（Jerome Cardan，或写为 Gerolamo Cardano，1501—1576 年）于 1550 年最早描述过它，但卡丹本人并未宣称自己发明了它。在他之前，画家达·芬奇曾绘制有关的简图，并设想将它用于航海罗盘上。在他之后，毕森（Besson，1501—1576 年）于 1576 年、布兰卡（Giovanni Branca，生活于 16、17 世纪之间）于 1629 年分别设想过人坐其中的大平衡环或具有平衡环装置的马车，以便航海或旅行中安稳。然而，早在公元 1237 年，德·洪内库特（Villard de Honnecourt）已绘制了如图 1–33 之③所示的平衡环中机环图。但是，要想将这种发明上溯至公元前 2 世纪左右的亚历山大里亚或拜占庭时期，就缺乏根据和说服力了。值得注意的是，大约至迟在 13 世纪，中国的平衡环通过阿拉伯商人或犹太人已传播到欧洲。当时处于寒冷教堂内的教士已有手提木火通的。图 1–34 之①，过去被认为是欧洲人于 13 世纪使用手提火炉的实例，但从其外表造型等方面看，它显然是早期传播到欧洲的中国文物。可以说，西汉巧匠丁缓发明的被中香炉影响深远、流布极广。近代科学仪器回转器的始祖不是卡丹吊环，而是被中香炉。

八、蒲津桥畔的铁牛与打捞船的创制

在山西永济境内黄河边上，出土了一只铁牛（见图 1–35），铁牛座下连着八根铁柱，全部重量约 10 吨。原来，此地是历史上著名的蒲津桥所在。该桥横跨黄河，连接秦晋，以上千艘船作桥梁，以竹索巨缆维系船舶。据唐人张说（667—730 年）《蒲津桥赞》和其他典籍记载[1]，在唐开元十二年（724 年）修理该桥时，特增设如此大铁牛八个于两岸，以维系巨缆，避免

1 《张燕公集》卷八《蒲津桥赞》，《新唐书》卷三十九《地理志》，清乾隆年间修《蒲州府志》卷二十一《开元铁牛铭》，清光绪年间修《永济县志》卷三《山川》等。

图 1-35 蒲津桥畔的铁牛

洪水冲毁浮桥。铁牛迄今近 1300 年了。

　　出土的铁牛历经风雨沧桑，身上铁锈斑驳，然其雄风犹在。颇有趣的是，铁牛不仅是我国最早创制的打捞船的见证者，也是打捞船的得益者。

　　在唐开元年间修理蒲津桥后 300 余年，该桥虽有小修理，但未曾发生彻底毁坏之事。直到宋庆历年间（1041—1048 年），该桥被特大洪水冲毁，数万斤的铁牛被卷入黄河中。又 20 余年之后，英宗在位（1063—1067 年）之时，真定（今河北正定）僧人怀丙倡议打捞铁牛，重新修桥。关于怀丙打捞铁牛的方法，《宋史·僧怀丙传》写道：

　　　　河中府浮梁用铁牛八维之，一牛且数万斤。后水暴涨绝梁，牵牛没于河，募能出之者。怀丙以二大舟实土，夹牛维之，用大木为权衡状钩牛。徐去其土，舟浮牛出。转运使张焘以闻，赐紫衣。

　　这就是说，在满载土石的二大舟间架以巨木梁，木梁中悬挂绳索、铁链、铁钩，铁钩或绳索捆结于河中铁牛身上。然后，卸去船上土石，船比之前更高地上浮于水面，铁牛即可出河床淤泥之中；又使船至岸边，铁牛可被搬运至岸边。再继续搬运铁牛上河岸，诸如运用滑轮等起重装置，就比在河中急流间方便多了。

宋人吴曾在其《能改斋漫录》卷十三《河中府浮桥》中对蒲津桥成毁过程也做了记述。其中，关于怀丙打捞铁牛事，他写道：

> 英宗时，有真定僧怀丙，请于水浅时以缅系牛于水底，上以大木为桔槔状，系巨舰于其后。俟水涨，以土石压之，（牛）稍稍出水，引置于岸。

就技术而言，吴曾的记述与《宋史》的记载稍有不同。据吴曾所记，"上以大木为桔槔状"吊牛。水浅时，船低，做好系牛的准备工作；水涨船高，又以土石压桔槔之另一端，因此，铁牛被稍微拉出水面。在这里所说的船，有可能是一艘巨船，桔槔的支柱立于船头，压以土石的桔槔端在船的另一头；也可能是两艘巨船，一艘船作为立支柱用，另一艘船装载土石以压低桔槔的一臂，桔槔的另一臂伸出船头，以悬吊水中的铁牛。

或许，僧怀丙用了上述两种打捞方法（见图1-36）。除了杠杆的运用之外，主要是利用浮力起重。

图1-36　怀丙设计的打捞船：①"二大舟实土"，"用大木为
权衡状钩牛"；②"以大木为桔槔状，系巨舰于其后"

《宋史·僧怀丙传》述及怀丙平生三大事。除打捞铁牛外，另两件是：修理真定十三层浮屠，"不闻斧凿声"而巧妙地更换了该塔中层一根已坏的木柱；修理赵州桥，"不役众工"而将其倾斜的桥身扶正。从这些事实看，怀丙是古代伟大的工程力学家。他所创造的浮力起重法，曾于 16 世纪在欧洲由意大利工程师卡丹重复设计并使用。在今天，怀丙的方法已成为机械打捞船的实用方法。

900 多年前被怀丙打捞的铁牛今天仍存于世。铁牛既经受了洪水冲劫的苦难，也映射着科学技术的文明之光。它是世界上阅历广博的珍贵文物之一。

九、从应县木塔说起

留传至今的我国古代众多的木构建筑中，山西应县木塔（见图 1–37）是世界上现存最早、最高的一座。它建于辽清宁二年（1056 年），塔身八角，底径 30 米，九层（明五层暗四层），连同塔刹总高度约 70 米。它高耸于大同盆地桑干河畔，气势雄伟，是中国古代材料力学和结构力学辉煌成就的例证。

为什么我国的木结构能保持近千年而不被各种自然灾害（如风暴、地震）毁坏？我们在此结合文物实例介绍一点简单的材料力学和结构力学知识。

在地面立一电线杆，若不在其顶端拉铁丝到地面以加固，电线杆容易被大风刮倒，或被人推倒。若在电线杆的东西两边各拉一根加固铁丝，那么，只有在南北方向才比较容易推倒它；若在它南北两边又各拉一固定铁丝，这杆就牢固地树立于地面上了。在力学上，将那些铁丝称为"约束"；将电线杆和加固铁丝统称为"超静定结构"，也就是具有长久不变的几何形状和许多多余约束的结构。中国古代人对此已有所认识。宋代科学家沈括在《梦溪笔谈·技艺》中讲了这样一个故事：

图 1-37　山西应县木塔

　　钱氏[1]据两浙时,于杭州梵天寺建一木塔。方两三级,钱帅登之,患其塔动。匠师云:"未布瓦,上轻,故如此。"乃以瓦布之,而动如初。无可奈何,密使其妻见喻皓[2]之妻,赂以金钗,问塔动之因。皓笑曰:"此易耳。但逐层布板讫,便实钉之,则定不动矣。"匠师如其言,塔遂定。盖钉板上下弥束,六幕[3]相联如胠箧[4],人履其板,六幕相持,自不能动。人皆服其精练。

1　"钱氏",吴越国第五代国王钱俶(929—988 年),因其在五代汉周及北宋初官至天下兵马大元帅,故又称其为"钱帅"。

2　"喻皓",五代末北宋初建筑师,其名或写为预浩、预皓、喻浩,又号"预都"。北宋初在汴京建开宝寺塔,后塔为火所焚;又著《木经》三卷,今已佚。

3　"六幕",指空间的上下、左右、前后六面。

4　"胠箧"(qū qiè),被撬开的箱子。"胠",从旁撬开;"箧",箱子。以此比喻每层塔的空间形状。它除了一个门出入外,其他各面都钉成一个整体,如同一个从旁打开的小箱。

"弥束"即前述力学上的"约束"。喻皓对匠师言及"布板""实钉",沈括为之所做的"钉板上下弥束,六幕相联如胠箧"的分析,表明当时人们认识到,增加结构的约束可以提高其刚度的道理。

应县木塔建筑在一个外包砖石的夯土基座上,塔身由内槽柱、外槽柱和副阶檐柱层层树立,所有柱子又有梁、枋、斗拱等连成一体(见图1-38),整个木塔体系类似于现代高层建筑的"双套筒"式结构。后者被认为是高层建筑中抗震性能最好的一种体系。"双套筒"也相当于沈括所说的双胠箧。这样的整体结构使塔具有较高的整体抗弯刚度和强度。此外,塔底层的内槽和外檐的角柱都是双柱,并砌在约1米厚的土墙内。在转角处又增设一柱,以改善梁枋和柱头交接的受力状态;在柱间填以厚墙,可以防止构架扭曲,二者都对增加塔的稳固性有利。

由梁、枋、斗拱和短柱组成的平座暗层,在金代维修时又增加斜撑,从而形成了类似近代建筑中平行桁架式的组合圈梁(见图1-39)。在平座内环还有枋木叠置的一道圈梁。这样,整个暗层就如同一个刚度极大的箍。在沈括所说的胠箧上再加上这个箍,每一层的强度自然大大增加。这样的四个暗层,对承受风压和抗震都起到了良好的作用。

应县木塔是八角形的,从力学上看也要合理些。八角形高塔所受的风压比四方形的轻些。具有锐角或直角的建筑物,地震时受力集中,容易损坏;八角形呈钝角,受力较均匀,因而抗震能力较强。再者,八角形每个壁面对地基的压力分布较四方形均匀,在一定程度上改善了塔身的总体性能,延长了它的寿命。

应县木塔中的斗拱和榫卯接合,表现了传统中国木结构建筑最大的特点。人们对斗拱的功能已有较深的认识,我们对它的历史和力学性能再做一点介绍。

之前我们已述及河姆渡遗址的梁木及其榫卯接合方式,可见,中国传统

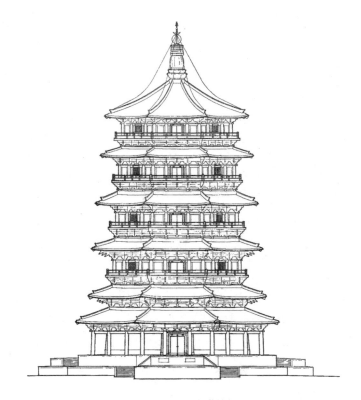

图 1-38 应县木塔结构图

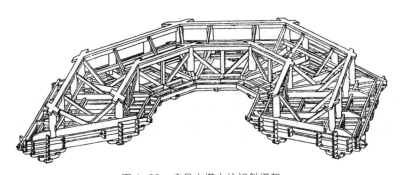

图 1-39 应县木塔内柱间斜撑架

的木构建筑起源甚早。殷商时期，木构建筑初具规模，有了最初的柱础。斗拱在西周时期已见端倪，到西汉已相当普遍。在山东苍山（现为兰陵）城前村和前姚村的汉代画像石中，分别有气势雄伟的房屋斗拱和斗拱式桥墩（见图 1-40）。迄今留存的唐宋以来各代古建筑中，斗拱及榫卯连接成为中国传统科学文化的一大特征（见图 1-41）。

我国传统木构房屋的重量，主要通过梁桁等横向构件传至立柱。如果横梁与立柱直接连接，由于接触面小，压应力大，横梁有被局部压坏的危险，因为木材的横纹抗压能力远小于顺纹的抗压能力；同时，在与横梁斜接中，立柱受到来自屋顶重量的剪切应力极大，也有被劈裂的危险。斗拱的作用，就在于增大柱与梁之间互压面积，减低压应力数值，这既提高了横梁的

图 1-40　汉代斗拱画像石

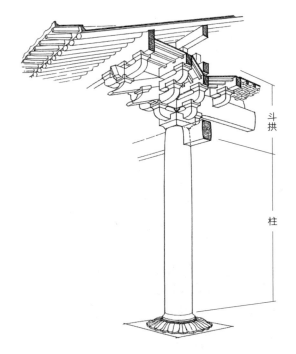

图 1-41 梁桁与柱之间的斗拱

强度，又避免立柱受剪切应力的破坏。

通常，参数（质地、大小等）一样而长度不同的两根梁，长度越大的梁抗弯能力越低。斗拱可以减小梁的跨度，从而提高它的抗弯能力和强度。据对古建筑的考察分析，例如，对山西五台山唐代南禅寺大殿"撩风枋"的测量，由于采用斗拱，跨度由 5.01 米减小至 3.01 米。如果不设置斗拱，该梁最大弯矩和剪切应力分别为有斗拱的 2.56 倍和 1.58 倍。同样，该地唐代佛光寺大殿"四橼栿"，由于采用斗拱而使其跨度缩短 46%，从而大大降低了梁式构件的弯矩和剪力，节省了做栋梁用的木材。

北京天坛祈年殿内的藻井（见图 1-42）是巧夺天工的梁柱结构，斗拱在其中起着重要作用。藻井由四根"龙井柱"支撑，柱子上端接有方形的"地梁"和圆形的"天梁"，天梁上又增设八根"雷公柱"。四根龙井柱和八根雷公柱共同承载藻井。藻井是由两层斗拱和一层"天花"组成，藻井正中间为金色龙凤浮雕。从艺术或美学上看，真是结构精巧，富丽堂皇；从科学技术上看，可谓均匀稳定，智慧结晶。藻井的两层斗拱使藻井结构均匀严密，宛如一个完整的刚性构件，其重量通过雷公柱、天梁和地梁又均匀地分配于四根龙井柱上。其中榫卯接合又使整个梁柱结构形成一个牢固的刚架，屹立在祈年殿内。

　　榫卯连接，尤其是斗拱的榫卯接合，不但加强了木结构之间纵向与水平方向的连接强度，改善了构件搭接中的薄弱环节，而且这种连接属于柔性而非刚性，因而能起到极好的抗震效果。在地震等强大外力作用下，各构件之间可以稍有错动又不分离，构件不致折断而倒塌。当外力解除后，由于构件的柔性连接，构件又可以其弹性而恢复原状。正是这种柔性连接，起到了

图 1-42　北京天坛祈年殿藻井（仰视图）

减震作用。

另一个有趣的现象是，一些不了解中国传统建筑的人往往怀疑木结构的立柱支撑于地面柱础上是否牢固。事实上，作为整体的木结构，其立柱不深入地表，而支撑于地面柱础上，就可以极大地避免地震横波的袭击。因为水平方向的地面运动不会太大地影响地面木结构。当然，若该木结构处于震中，受到来自地下的纵波的振荡，那就另当别论了。应县木塔、南禅寺大殿、佛光寺大殿等一些古建筑，迄今仍巍然屹立，大都与它们的木结构抗震性能有关。

十、拱桥与虹桥

拱桥与虹桥何以载重受压而不坍塌，这也是结构力学上有趣的话题。

拱桥或称为石拱桥，在我国具有悠久的历史。西汉时期，已有砖石砌成的拱券墓顶或砖拱墓。在河南新野出土的东汉中晚期的画像石上，有单孔裸拱桥（见图 1-43）。

据说，在其他地区也有类似内容的画像石出土。它表明，拱桥至晚产生于东汉时期。

图 1-43 的画面含义与山东武梁祠画像石"泗水取鼎"（见图 1-3）相同。从画面看，二者各有千秋。图 1-43 所示画像贵在其所画的桥为拱桥，但由于其为侧面绘画，因此滑轮所在位置不便表现出来。图 1-3 所示画像重在龙咬断绳索的刹那情景，其取鼎时拉绳的情景更生动[1]；图 1-43 所绘的龙在鼎下沿，尚未咬断绳索，因此，在鼎左右两边的船上各有一人举一个"球"，企图以此引开龙，以免龙干扰取鼎。由此看来，所谓"龙戏珠"、龙

---

[1] 有人认为拉绳人是在牵引过桥的马车。此看法值得商榷。见茅以升主编《中国古桥技术史》，北京出版社，1986，页 61。

图 1-43　东汉裸拱画像石

好玩球，乃至今日舞龙灯者必有一人在前持珠（或球）逗引龙，这些观念或娱乐场景早在汉代已经产生。

《水经注·谷水》记述了晋太康三年（282 年）在洛阳附近建造的石拱桥："悉用大石，下圆以通水，可受大舫过也。"这是有关石拱桥的最早文字记载。"下圆以通水"，正是拱形的表写。后来，拱的形式多样化了。就材料而言，有石拱、木拱、竹拱；就拱的形状而言，有半圆拱、椭圆拱、弧形拱、尖拱、弓形拱、抛物线形拱等；就拱的孔数而言，有单孔、双孔、三孔，乃至几十孔。保存至今的古代拱桥颇多，最负盛名者有河北赵州桥、苏州宝带桥等。

赵州桥（见图 1-44），又名安济桥，在河北赵县洨河上。该桥是由隋代工匠李春于开皇十五年至大业元年间（595—605 年）主持建造的。它是一座敞肩圆弧形石拱桥。所谓敞肩，指拱的两端（俗称两肩）并非填满砖石，而是以多个小拱架于大拱之上。这样既可减轻桥的自重，节省用料，使拱券厚度与墩台尺寸相应减小；又可增大泄洪能力，减少河水对桥身的侧压力。所谓圆弧，是小于半圆的弧段。圆弧形拱比半圆拱跨度大、高度低，既便于

图 1-44   河北赵州桥

陆上交通，又使拱的受力更为合理。赵州桥全长 50.83 米，主拱净跨 37.02 米，拱矢净高 7.23 米，主拱左右两肩各有两个小拱。它是我国现存最古老的桥梁之一，也是世界上最早的敞肩圆弧拱桥。

在欧洲，拱桥的历史虽然也很悠久，但其真正的敞肩圆弧拱桥直到 19 世纪才出现。14 世纪，法国建造的赛兰特桥是一座敞肩、近半圆形拱桥，在它之前，赵州桥是世界上净跨最大的石拱桥。赵州桥的拱矢高度与跨度之比为 1：5.12，是一座很扁的圆弧拱桥。1569 年意大利佛罗伦萨的圣三一桥建成之前，赵州桥一直是世界上"矢跨比"最小的石拱桥。

砖石具有极大的抗压能力。赵州桥除了应用石料外，建桥者还采用了许多加固桥拱的措施。例如，在纵向并砌的各个拱券间加以腰铁相连，又设有楔形垫石、铁拉杆，使整个桥拱形成一个坚实的整体；拱脚略宽于拱顶，以收分砌石法防止桥拱倾倒的危险。但在建造拱桥的技术上，要减小主拱券发生变形的危险，提高桥梁承载力和坚固性，最关键的力学因素是，要求支座反力和荷载合力的作用线（见图 1-45 中的折线 $ABCD$）落在桥拱中间 1/3 宽的狭带区域内。或者说，这个作用线与拱的中心线（见图 1-45 中的虚线）偏差极小。拱桥是一种怕拉而不怕压的桥。满足上述结构力学的条件，拱桥

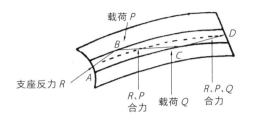

图 1-45 拱桥作用力示意图

将只受载荷的压力；这时，它所受的拉力作用很小，不会构成破坏桥本身的危险。拱桥如果受到较大的拉力，主拱券将会变形、折裂。赵州桥自建造之日迄今已有 1300 多年，并且经受了多次洪水、地震和人为因素（如战争）的考验，证明李春的设计在实践上已解决了这样的力学要求。

由以上分析可知，拱在均匀分布的载荷作用下，拱轴处于中心受压状态。此时，拱只受压而不受拉，因而石拱桥就能充分发挥石料抗压的特性。古代中国人对此已有所认识。明代宋应星在《天工开物·陶埏·砖》中曾述及桥、门和墓穴（"窀穸"）的砖拱因受压而强度高的问题。他写道：

> 圆鞠小桥梁与圭门与窀穸墓穴者，曰刀砖，又曰鞠砖。凡刀砖削狭一偏面，相靠挤紧，上砌成圆，车马践压，不能损陷。

虹桥是木结构拱桥，俗称飞桥、蜈蚣桥。虹桥的建造以北宋为盛。北宋画家张择端在其著名的《清明上河图》长幅画卷中以虹桥入画。他以写实的手法、合乎透视的原理，精心绘画了宋都汴梁（今河南开封）附近的虹桥（见图 1-46）。从张择端的绘画中可以清楚地看到虹桥的结构。经过一些桥梁专家推算，其跨度约 20 米，宽度约 8 米。《清明上河图》不仅仅是一幅精美的绘画国宝，而且具有多方面的高度的科学和文化价值。

图 1-46 《清明上河图》局部

与《清明上河图》的绘画相应的是，北宋王辟之（1031—?）在其著《渑水燕谈录》卷九《事志》中述及青州太守夏英公夏竦率牢卒于青州城（今山东益都）西南架虹桥之事。后来宿县（今属安徽）太守陈希亮曾仿造之。宋京迁都临安（今杭州）之后，孟元老在其回忆汴梁盛况的作品《东京梦华录》卷一《河道》中叙述了汴梁城的虹桥：

> 自东水门外七里至西水门外，河上有桥十三。从东水门外七里，曰虹桥，其桥无柱，皆以巨木虚架，饰以舟艎，宛如飞虹。

围绕京都有十三座桥，故而推测张择端的绘画是汴京的写照。虹桥是纵横相架、自身稳定的木结构。为了保证其几乎不变形，使结构成为一个坚固的整体，虹桥的木结构由 21 组并列的拱骨组成，拱骨采用直径约 40 厘米的圆木。拱骨有两个系统：外面一组，长、短拱骨各两根，相互铰接，称为第一系统；里面相邻的一组，由三根等长拱骨组成，称为第二系统。如此交替

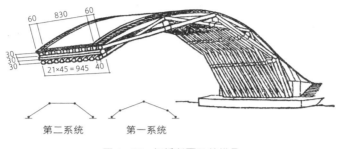

图 1-47　虹桥断面及其拱骨

排列，全桥共由 11 组第一系统和 10 组第二系统的拱骨组成（见图 1-47）。当这两个系统各自独立时，都是不稳定结构。唯在这两个系统交会处，以巨木横贯，使拱骨彼此衔接，这才成为一个稳定结构，并将桥面载荷横向分布于各拱骨。据分析，这样组成的虹桥木结构，是一个 12 次超静定的结构。或者说，这种虹桥具有 12 个多余的约束（或 12 个多余的未知广义力）。并且，经验算，此超静定结构各部分应力均未超过允许值。

　　虽然，拱桥为许多民族所具有，但虹桥却是古代中国人独创的桥梁结构。迄今，在闽东北、浙西南还保存有大量的古代虹桥。

十一、风筝及其飞行原理

　　在河北磁县征集的文物中有一件白底黑花瓷枕，枕上绘有婴戏风筝图（见图 1-48）。一儿童右手举线车，放一只长方形风筝，其下角系有飘带。儿童向前奔跑，回首注视风筝起飞状况。该瓷枕为宋代晚期之物。上海博物馆藏有明万历年间青花瓷碗，其上有婴戏风筝的绘画。有关风筝的更早的绘画作品，据说是在敦煌第 331 号和 148 号洞窟中的壁画上，为唐代人所绘

图 1-48　河北磁县发现的晚宋婴戏风筝瓷枕

图 1-49　吴友如绘的儿童放风筝图（①）和欧洲人绘清人放风筝图（②）

的放风筝的画面。较晚的作品，如清末画家吴友如绘的儿童放风筝图[1]，甚而还有欧洲人绘制的清代人放风筝画（见图 1-49）。

中国人发明的风筝，在世界上被公认为是最早的飞行器之一。风筝亦称为纸鸢、纸鹞、风鸢，形状不一。如《红楼梦》第七十回所描述的，风筝有蝴蝶形、鱼形、螃蟹形等。清末满族人富察敦崇在《燕京岁时记·风筝》中写道：

风筝即纸鸢，缚竹为骨，以纸糊之，制成仙鹤、孔雀、沙雁、飞虎之类，绘画极工。儿童放之空中，最能清目。

---

1 吴友如：《画宝》第一集下《古今人物图》第四十幅。

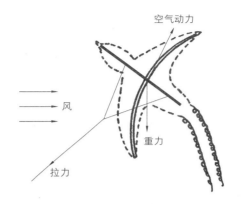

图 1-50　风筝受力作用示意图

风筝在空中飞行时受到三种力的作用：重力、空气动力、拉力（见图1-50）。稍有气流，风筝就上升。当风力微弱或无风时，风筝因其自重而下降。放风筝者常拉紧线跑动，借相对气流运动而使风筝飘浮或升空。此时，风筝沿一大圆弧运动，拉线之长即其运动轨道的半径。它与飞机有许多相似之处，都有羽翼，靠气流浮力上升，只是飞机尚有机械动力的作用。风筝对于 16 世纪之前的欧洲人而言，是前所未闻的奇物。第一次世界大战前，若干飞行先驱称自己的实验飞机是"动力风筝"或"巢形风筝"，1909 年在兰斯（Reims）航空展览会上曾以一串风筝携带军事观察员升空。中国风筝不仅对现代空气动力学和航空发展起了重要作用，而且对现代科学的其他许多方面也有甚多贡献。如美国科学家、政治家富兰克林（Benjamin Franklin，1706—1790 年）于 1752 年利用风筝探测空中闪电的性质；在气象观察方面，利用风筝将温度计携至高空测量高空云层的温度。随着现代航空技术的进步，人们似乎忘却了风筝的历史功绩。

纸制的风筝起源于何时？有一个时期也曾众说纷纭。或说汉代初期韩信创制，其依据是宋代高承的《事物纪原》卷八《岁时风俗部第四十二·纸鸢》所记；或说五代汉隐帝（948—950 年在位）时宫人侍者李业所创，其依据是明代郎瑛的《七修类稿》卷二十二《辩证类·纸鸢》所述。另据《新唐书·田悦传》载，又有人认为是唐代创制。看来，汉代说似乎太早，五代说又似乎太晚。据目前考证，纸质风筝起源于萧梁朝。唐代李冗的《独异志》卷中写道：

> 梁武帝大（太）清三年（549 年），侯景反，围台城，远近不通。简文与太子大器为计，缚鸢飞空，告急于外。侯景谋臣谓景曰："此必厌胜术，不然即事达人。"令左右射之。及堕，皆化为禽鸟飞去，不知所在。

唐代马总在《通纪》卷七中亦有类似记述。可见，风筝的发明迄今已近1500 年了。从历史文献看，它最初是作为战争通信的手段，然后成为宫中娱乐物，再发展为平民百姓，尤其是儿童的嬉玩物。迄南宋止，据周密《武林旧事》卷六《小经纪》载，市上已有专卖风筝的小经纪了。

先有纸鸢、风鸢，而后有风筝。大概是纸鸢中又有了带响声的构件，其声似筝，故名风筝。唐代高骈（821—887 年）《风筝诗》[1]写道：

> 夜静弦声响碧空，宫商信任往来风。
> 依稀似曲才堪听，又被移将别调中。

有声的风筝无疑是从无声的纸鸢发展来的。大约明清时期，"风筝"一名才成为无声与有声的纸鸢的统称。关于有声纸鸢的造法，明代陈沂在其《询刍录》中说：

---

1 宋尤袤：《全唐诗话》卷五引。

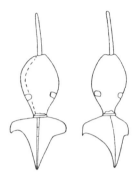

图 1-51　鸣镝（北京顺义辽墓出土）

于鸢首以竹为笛，使风入，作声如筝，名俗呼风筝。

这就是说，在纸鸢竹架的头部同时捆扎上一根短小竹笛，放风筝时，气流通过竹笛而鸣响。

在谈及风筝的起源时，我们曾反复强调纸质风筝。至于木质风筝，其起源还要早。战国时期墨家创始人墨翟、东汉科学家张衡，曾分别创制称为木鸢和木雕的飞行器。我们冀望有比宋代瓷枕上的婴戏风筝图更早的确实的绘画文物出土[1]。

有声风筝会令人想到"响箭"。宋应星在《天工开物·佳兵》中说："响箭则以寸木、空中，锥眼为窍。矢过招风而飞鸣，即《庄子》所谓嚆矢也。"

风筝上小竹笛、响箭所带的具孔眼的空木，都因为在其急速运动中有气流穿过孔洞而发出声响，所谓"矢过招风而飞鸣"。有意思的是，1989 年在北京顺义安辛庄辽墓中曾出土一种响箭，文物报道称其为"鸣镝"（见图1-51）。据称，出土鸣镝六件，"由三棱形铁镞及骨哨组成。骨哨橄榄形，外表光滑，中部偏前位置有三个椭圆形小孔，镞铤从骨哨中心穿过。骨哨腹

1　英国的中国科学史家李约瑟博士曾认为战国辉县铜盘上有放飞风筝的图画。此意见有待商榷。见其巨著 *Science and Civilization in China*，Vol.4，part 2，p.577；part 1，Fig.299。

径 3 厘米，长 5 厘米，铁镞全长 10.2 厘米"。它为了解古代响箭提供了实物，在力学史和声学史上都颇有价值。

十二、矿物药材及晶体知识

1970 年，在西安南郊何家村唐墓中发现了许多贵重药物和金银器皿等。原物经过仔细分装后藏于两个大陶瓮中，估计其为安禄山叛乱时王公贵族在仓皇逃难中埋在地下的金银珍宝之一。这些药物包括白石英、紫石英、朱砂、乳石、玛瑙和琥珀等（见图 1–52）。这些药物的发现，不但为古代大量的本草药物学提供了佐证，为研究我国医药学发展提供了极好的资料，而且其中的矿物性药物和古代医药文献相结合，表明古代中国人具有丰富的晶体物理学知识。

白石英、紫石英，统称为石英，其化学成分是二氧化硅（SiO_2）。在古代称为水玉、水晶、水精和菩萨石的，都属石英。朱砂或作丹砂、辰砂，其成分是硫化汞（HgS）。11 世纪，唐慎微修订的《证类本草》中绘有白石英、紫石英和丹砂图（见图 1–53）。将其与图 1–52 比较，不难发现，本草药物学和绘图正是来自对药物本身的观察实践，因此，它们二者之间才会如此相像。由此可见，中国人是最早对晶体的形态结构做出观察、绘画和特征描述的。

晶体的重要物理特征之一是对称性。晶棱、晶角、晶面各自相互对称。从图 1–53 中，不难看出，石英是六重对称的，属六角晶系。它有六棱、六角和六个面。棱与棱、角与角、面与面都是对称的。因其所含杂质不同，故有白石英、紫石英之分。唐慎微《证类本草》卷三说，白石英"大如指，长二三寸。六面如削，白澈有光"。寇宗奭《本草衍义》说，白石英"六棱，白色如水精"。杜绾《云林石谱》卷下也说，菩萨石"其质六棱，或大如枣栗，则光彩微茫；间有小如樱珠，则五色灿然可喜"。就紫石英，寇宗奭说

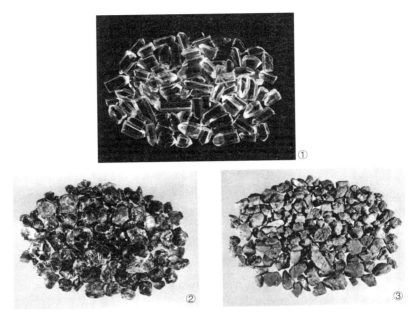

图 1-52　唐代白石英（①）、紫石英（②）和朱砂（③）

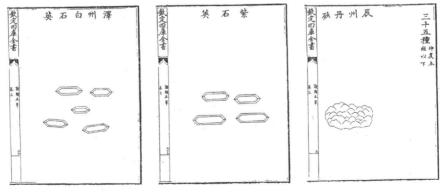

图 1-53　《证类本草》绘白石英、紫石英和朱砂（丹砂）

其"明澈如水精，其色紫而不匀"。这些描述与近代晶体物理学中关于石英的几何形态的知识完全一致。

至于朱砂，《证类本草》中说："最上者光明砂"，"大者如鸡卵，小者如枣栗，形似芙蓉，破之如云母，光明照澈"。北宋苏颂《图经本草》载："砂生石上，其块大者如鸡子，小者如石榴子，状若芙蓉头、箭镞，连床者紫黯若铁色，而光明莹澈，碎之崭岩作墙壁，又似云母片可拆者，真辰砂也。"这里所说的"墙壁"是晶体的自然晶面或解理面；"拆"或作"析"，指解理面的劈裂或剥裂，如云母可以层层被拆开。这也是某些晶体的物理特点。

事实上，固体物质中大部分是晶体。金属、陶瓷、金刚石、碳、玉石、玻璃、霜雪，都属晶体，它们或者是单晶体，或者是多晶体。公元前 6000 年的浙江河姆渡遗址中有玉器，新石器时代晚期的甘肃齐家文化、江苏良渚文化中已有加工极精致的玉器。玉的硬度较高，迄今仍令人对其加工工器做出种种猜测。这些上古时代的文物，表明人们对晶体的应用已有数千年的历史。历代本草药物著作也提供了有关晶体知识的概貌。大约西汉末年成书的《神农本草经》载药物 365 种，其中土部 2 种，金石部 41 种。此后约 6 个世纪，萧梁朝陶弘景《本草集注》载药物 730 种，其中土部增加了 3 种，金石部增加 32 种。《唐新修本草》是世界上由政府颁布的第一部药典，共收载药物 844 种，其中土部 8 种，玉石部 87 种。直到明代李时珍《本草纲目》问世，所载药物达 1892 种，其中土部 61 种，金石部 134 种。土部与金（玉）石部药物的增多，表明人们认识的晶体在逐渐增加。西安唐墓出土的石英、朱砂、乳石、玛瑙也都是晶体。历代本草药物学家，为了鉴别药物，都涉及了这些晶体中大多数的物理的几何特征。《唐新修本草》于显庆四年（659 年）颁行，其后必然引起人们对珍贵药物的重视，尤其是石英的规则几何形体及其光学特性、朱砂的解理特性，更会引起人们对它们的珍爱。西安唐墓出土的药物正是这种历史和科学文化的反映。它们和文字记载两相辉映，成了科学史的重要资料。

在欧洲科学史上，矿物晶体在 16、17 世纪才开始引起矿物学家的注意、收集和分类。早期的晶体学，也只是研究晶体的对称性、解理性、硬度和几何特征等问题。直到 1912 年，德国物理学家劳厄（Max von Laue，1879—1960 年）以 X 射线穿过晶体的衍射实验证明了晶体原子的周期排列，从而解释了在他之前人们所发现的晶体知识，推动了晶体学的发展。劳厄的实验成为晶体物理学上划时代的事件。

第二章　光学知识

从古代的太阳绘画说起

人造光源与灯具

镜

阳燧

避邪纳福镜与组合平面镜

从"水晶饼"谈到透镜

"透光镜"之谜

雨虹与色散

影戏

眼罩和眼镜

一、从古代的太阳绘画说起

　　太阳光是人类最重要的自然光源，也是古代人进行光学实验或光学表演的重要光源之一。从这一角度看，远古时代人对太阳的崇拜是理所当然的。

　　从目前所知的文物看，早在约公元前 6000 年的河姆渡遗址开始，太阳就被绘画在陶器、玉器、象牙上。图 2-1 中，①、②为河姆渡遗址出土的陶片，③为该遗址的象牙雕刻。陶片①上，以两个同心圆代表太阳，画面上绘了两个太阳。在两个太阳之上的双线圆弧段示意山，太阳光在山峰顶上喷薄而出。太阳滋养万物是由画面两边的植物作意景表示的。又一说，双圆弧表示的是两个连续的下弦月。太阳在山的西边将要落下，而山的东边月亮升起。陶片①表示的有可能是远古人观察到的一种特殊的大气光象。图 2-1 中的②以圆内加黑点表示太阳，③以多个同心圆或弧线、圆心加黑表示太阳，②与③都画有飞翔着的鸟。这两幅画令人想到战国以后在许多陶器或绢帛上的太阳绘画，总是在太阳内画上一只三足乌。现在的研究者大多将它们看作

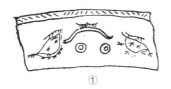  

①　　　　　　　　②　　　　　　　　③

图 2-1　河姆渡遗址中太阳的表意性图画

太阳表面黑子的示意图。将太阳与鸟联想在一起，在今日的西南少数民族的歌词中尚有遗风，歌词将太阳比作蓝天上的金丝鸟，与地上的金孔雀一样光彩异常。这不能不令人赞佩，中华民族的文化传统如此源远流长。

　　图 2-2 是郑州大河村遗址陶器上的太阳图画。它以实心圆外加双环表示太阳，或画出太阳的光芒纹。图 2-3 中的①、②是大汶口文化陶器上的绘画，其中的②已被许多学者认为是早期的抽象化符号，是原始的文字，而且在天文学史和科学史上具有极高的价值。图 2-3 之③，其绘画的外形颇似一座祭坛，内部为一太阳形符号，上端作冠冕状，两侧有翅膀。这是神化了的太阳。图 2-3 之④，是良渚文化玉器上常见的神人兽面像，神人头部的羽冠实为太阳光芒的象征。该画意指，兽面神具有太阳般的威力，或太阳

图 2-2　郑州大河村遗址陶器上的太阳图画

①　　　　　　②　　　　　　③　　　　　　④

图 2-3　鲁、浙地区的太阳图画：①、②山东莒县大汶口文化陶器及其抽象符号；③余杭安溪良渚文化玉璧；④反山良渚文化玉琮

神使兽含有神的意义。

几千年之后，太阳又在汉代画像石中得到表现。图 2-4 的三幅画像石图案均出自山东曲阜，①以带有八角的圆环表征太阳；②画有下弦月和满月，满月内还绘有蟾蜍；③中太阳在树林中升起。

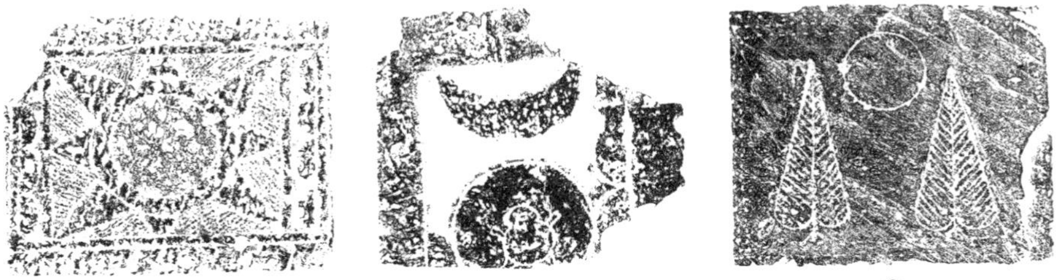

①　②　③

图 2-4　汉代日月画像石

在人类生活的地球上，日与月是明亮的象征。一个是最大的发光体（在太阳系内），一个是最近的反光体。“明”字就是由二者构成的，甲骨文中写作或。《易经・系辞》说：“悬象著明，莫大乎日月。”“旦”字，甲骨文作或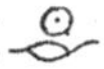，犹如太阳刚冒出山顶或地平面，它反映了人们已认识到大地的光照与太阳的关系。从光学意义上利用太阳光也是很早的事。且不说原始社会时期人们对水寻影的情形，至少从青铜时代铸造青铜平面镜开始，人们就已经意识到阳光的反射了。西周初期，已有对阳燧的铸造与利用，阳燧是人类利用阳光点火的伟大发明之一。当太阳刚升起之时，从地平线射进屋宇的一缕阳光可以看作平行光。据载，早在战国时期，就有人利用了这种平行光进行类似幻灯的光学表演或实验。《韩非子・外储说左上》写道：

客有为周君画荚者，三年而成。君观之，与髹荚同。周君大怒。画英者曰："筑十版之墙，凿八尺[1]之牖，而以日始出时加之其上而观。"
周君为之，望见其状尽成龙蛇禽兽车马，万物之状毕具。周君大悦。

　　榆荚、豆荚多有一透明丝网内膜，易于透光。在其上作画，类似今日
微型画和微型工艺品。初，周君见荚膜与漆荚类似，所画不辨为何，故而大
怒。后经画客指点，方知清晨置此荚于板窗孔上，在窗户对面的屋墙上龙蛇
车马历历可见。这个故事道出了现代幻灯必备的三要素：光源，即"日始出
时"的平行光，且屋内尚黑，屋内外具有一定的光度差；底片，即荚；屏
幕，即墙壁。这故事，不仅表明人们很早就利用太阳光进行光学实验或表
演，而且还说明它是幻灯的肇始。

　　从河姆渡遗址的太阳绘画到利用太阳光做光学实验，人类走过了几千年
的漫长历史。

二、人造光源与灯具

　　光源、镜和屏是进行几何光学实验的三种必备物质。其中，光源与镜最
为重要，它们的质地对实验有着重要影响。

　　古代的人造光源都是火焰光源，是热光源的一种。

　　据有关古人类的发现与报道，距今 170 万年的云南元谋人遗址，距今
70 万年的陕西蓝田猿人和周口店北京人遗址，以及山西垣曲南海峪原始人
洞穴遗址、安徽和县陶店汪家山龙潭洞原始人遗址、辽宁营口大石桥金牛山
旧石器时代早期文化遗址，等等，这些早期的人类遗址都有用火的痕迹或灰
烬物质。他们学会用火和保存火，御寒避兽，烧煮食物，制造陶器，自然最

---

1 "尺"字似为"寸"字之误。

重要的是照明。在这种意义上，人类的第一堆篝火就是第一个人造光源。

　　考古学家发现，在六盘山余脉有几处新石器时代的窑洞。其中之一，洞壁上有 50 多处火苗状烧土。模拟实验证明，这些烧土就是古人用灯的遗迹。其灯具很可能就是油松木条。在一个窑洞内同时点燃 50 多支油松灯，其明亮与壮观程度当可想见。甲骨文"光"字的造型"从火，在人上"，是人高举火炬之意。可见，"光"字与早期的火焰光源是一致的。明代罗颀《物原·器原》载："神农作油，轩辕作灯，唐尧作灯檠，成汤作蜡烛。"在这里，有关发明者的说法不一定正确，但它多少反映了上古时代人造光源的发展历程。在唐尧、成汤时代，所谓"灯檠""蜡烛"，充其量是一把松枝条而已。

　　近几十年，在河南洛阳、三门峡，河北平山、易县，湖北江陵、荆门，四川成都，重庆涪陵，以及北京等地的战国墓葬中，先后发掘出十几件精美考究的战国铜灯。显然，它们是发展到一定阶段的灯具。其中，河北平山战国时期中山国墓葬出土三座灯具：一是十五连枝铜灯，为先秦时期连枝灯的杰作，其灯柱似茂盛大树，主干上伸出 15 个枝杈，托住 15 个浅盘形灯盘；二是银首人俑铜灯，高 66.4 厘米，银质俑首安装于青铜躯体上，人俑双臂张开，一手托一高柱灯盘，一手稳抓上下相连的两个灯盘，每个灯盘上均有三个支钉，可同时点燃三支烛灯；三是簋形灯。簋是一种盛食物的器皿，圆腹，侈口，圈足，有覆盘式器盖。盖与器身以铰链相接，打开盖后，盖顶中央的装饰立柱成为其支撑柱，覆盘器盖就成为一具灯盘，灯盘中央有一支钉供插烛用。中山国自建国至灭亡约为公元前 510—前 407 年，这同一墓葬出土的三件灯具是春秋战国之际灯具之精品。1975 年在河南三门峡上村岭出土了一件"漆绘跽坐人铜灯"（见图 2-5），在工艺铸造与整体设计上也十分精巧。铜俑呈跽坐姿势，其头与身躯系分铸后铆合成一体，双手置胸前，持一铜方銎。灯盘下接一 Y 字形灯柄，柄端插入铜俑双手所持的方銎内。灯

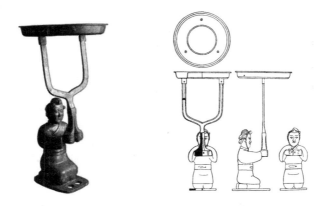

图 2-5　战国中期漆绘跽坐人铜灯

盘内也有三个插烛支钉。灯盘外缘髹以三角形彩漆。整具灯通高 48.9 厘米，灯盘径 23.7 厘米。该灯约为公元前 4 世纪战国中期遗物。

类似的战国灯具还有许多，我们不一一陈述了。它们有一个共同特点，即灯盘上几乎都有供插烛用的支钉。此时的烛是什么制成的呢？西周时期，像松枝一类的火炬称为"庭燎"。《诗经·小雅·庭燎》写道："夜如何其？夜未央。庭燎之光。"这意思是，夜为何这么黑？夜还未尽天未亮，庭燎照得屋内亮堂堂。《周礼·秋官·司烜氏》又称这类火炬为"蕡烛"。据考，庭燎和蕡烛是分别以松、苇、竹或麻等材料作芯，外束以纤维，再浸以松油或动植物油脂，或在其内灌蜡（即蜂蜡）而成。从西周到秦汉，制作这种烛的技术逐渐提高，烛的形制越来越细小。这种以植物做成的硬质灯芯插于前述灯具的支钉上。这种灯的形制近似于后来的烛台与蜡烛，燃烧明亮、持久，而且在一个灯盘上插三支烛，光源强度增加了。战国时期墨家的光学实验与此种光源有关，也未可知。

汉代画像石和汉代灯具实物为人造光源的又一次发展提供了佐证。汉代画像石中有一托灯侍者图（见图 2-6），从图中比例可见，灯盘及其上灯烛

图 2-6　托灯侍者汉代画像石

颇为小巧；图中还可看到微风影响下的弯曲火焰。该图所绘的烛肯定不同于前述的植物硬质灯烛，可能是初期蜡烛的描画。1983 年，广州象岗西汉南越王墓出土了几件铜烛台，灯盘上有直筒状插座。战国时期的支钉是为了插入植物硬质灯烛，而此时的直筒显然是更便于插进蜡烛。可以说，蜡烛的产生与灯具的问世正相吻合。

　　起源于汉代的这种蜡烛称为"膏烛""蜜烛"。《淮南子·原道训》说："膏烛之类"，"火逾燃而消逾亟"。从汉迄唐宋止，浇制蜡烛所用的蜡，可能多为蜜蜡。《西京杂记》卷四载："闽越王献高帝石蜜五斛，蜜烛二百枚。"这里的"石蜜"就是蜜蜡，"蜜烛"就是蜜蜡做成的烛。自元代始，尤在明代，人们普遍在一种白蜡树（又称女贞树）上种白蜡虫，取其蜡制成蜡烛[1]。中国人最早从石油中提取蜡制蜡烛，并称其为"石烛"，这种蜡称为矿物蜡。宋代诗人宋白（936—1012 年）的《石烛》诗写道："但喜明如蜡，何嫌色似黳。"陆游就此评述道：

1　李时珍：《本草纲目》卷三十六《木部·女贞》、卷三十九《虫部·虫白蜡》。

烛出延安。予在南郑数见之，其坚如石，照席极明。亦有泪如蜡，而烟浓，能薰污帷幕衣服，故西人亦不贵之。[1]

"西人"或指波斯、阿拉伯商人。玉门出石油，含蜡成分高，自然渗透而沉淀下黑蜡，为当地人所用。这种蜡烛燃烧时产生浓烟，但光亮胜过他烛。陆游的记述，还透露了东西方关于蜡烛传播的事实：蜡烛是从中国通过来自"西方"的商人而传播到西方的。虽然当时"西人"不太看重"石烛"，但它也有可能和其他质料的蜡烛一起传到西方。此前，西方人所用的烛如同先秦火炬或硬质植物型烛，直到10—11世纪期间，他们才开始有蜡烛。

自汉以降，蜡烛在魏晋间极为普及。唐五代产生了许多吟咏蜡烛的诗作，李商隐的"春蚕到死丝方尽，蜡炬成灰泪始干"，温庭筠的"玉炉香，红蜡泪"等，都是传世佳句。向宫廷进贡蜡烛也成为地方政府的公事。宋代王存等撰《元丰九域志》载，成州"土贡蜡烛一百条"，凤州河池郡"土贡蜜、蜡各三十斤，蜡烛一百条"。[2]南宋京城临安（今杭州）设管理灯烛的"油烛局"，市上出现了专门经营香烛的店铺。[3]还有各种点烛的灯笼及奇巧蜡烛。明代仇英绘《春夜宴桃李园图》（见图2-7）中，有红蜡烛灯笼，支架于柱形灯座，宛如今日公园或某些公用建筑周围讲究的路灯。

以灯烛做光学实验，在古代屡见不鲜。汉代方士齐人少翁为解除武帝思念已故李夫人之忧，"夜张灯烛，设帷帐"，以影戏形式重现李夫人容貌。[4]元初，赵友钦做小孔成像的光学实验，其光源是上千支蜡烛。[5]

---

1 陆游：《老学庵笔记》卷五。
2 王存等：《元丰九域志》卷三《秦凤路》。
3 耐得翁：《都城纪胜》。吴自牧：《梦粱录》卷十三。
4 《汉书》卷九十七上《外戚传》。
5 赵友钦：《革象新书》卷五《小罅光景》。

图 2-7　明代仇英绘《春夜宴桃李园图》(局部)

　　值得指出的是，近几十年考古发掘的古代灯具，不但种类繁多、艺术精湛，而且灯具本身蕴含着极丰富的科学内容。例如，河北满城汉墓出土的长信宫灯、单烟管鼎形铜灯，广西合浦西汉墓出土的铜凤灯，以及山西襄汾和朔县（今朔州市朔城区）城西照什八庄出土的西汉铜雁鱼灯。长信宫灯（见图 2-8）具有可装卸的活动灯座；灯盘可以转动，灯罩可以开合，以随意调节灯光的照射角度和方向；跪坐宫女的右臂是一导烟管，蜡烛燃烧产生的烟尘通过它进入铜质宫女的中空体腹，从而使燃灯周围环境不受烟尘污染。同墓出土的鼎形铜灯（见图 2-9）是由三足铜鼎、带手錾的灯盘、灯罩及盖、导烟管等部分组成。铜鼎内装清水，蜡烛的油烟通过导烟管进入鼎腹，达到净化环境的目的，导烟管又是整个鼎形灯的手柄。铜凤灯（见图 2-10），其背有一圆孔，上置灯盘，盘心有蜡烛插钉；凤嘴衔喇叭形灯罩，将烟尘通过凤颈而吸入凤腹；凤颈由两管套接，可拆开和转动。铜雁鱼灯（见图 2-11）

图 2-8 满城汉墓出土的长信宫灯

图 2-9 满城汉墓出土的鼎形铜灯

图 2-10 广西合浦西汉铜凤灯

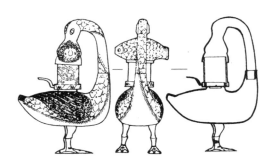

图 2-11 山西朔县西汉铜雁鱼灯

与凤灯类似，雁衔鱼，鱼与灯盘之间加一灯罩，灯罩可开合，烟尘通过鱼、雁颈而入雁腹。与雁鱼灯相似者有陕西神木店塔村出土的汉代鹅鱼灯，以及渭南丑家村出土的牛形灯等。这些灯具多出于汉代。这说明，汉代的灯光科学技术达到了相当高的水平。

　　对出土的西汉灯具的高度做一统计分析，是一件颇有意义的事。

　　汉代铜豆形灯一般高度在 10~20 厘米之间；河北满城汉墓出土的羊形灯，通高 18.6 厘米，同墓出土的当户锭，灯高 12 厘米；河南获嘉县城西关出土的汉代鹤龟灯，通高 19 厘米；骑马铜灯或骑兽灯，通高 15 厘米。如此等等。这一类灯高为 10~20 厘米。又，另一类汉代铜豆形灯，称为"高灯"，通高在 30~40 厘米之间；前述铜雁鱼灯或鹅鱼灯，灯烛所在高度为 34.5 厘米；铜凤灯和朱雀铜灯，其灯高在 30~33 厘米之间；广州象岗南越王墓龙形铜烛灯，灯高为 33.5 厘米；长信宫灯的灯高约 33 厘米。[1]如此等等。这一类灯高在 30~40 厘米之间。这两大类灯台高度分别与汉代人生活方式（跪坐或书案高度）相适应。唐代文学家韩愈在《短灯檠歌》中说："长檠八尺空自长，短檠二尺便且光。"这其中的道理是，当光源与被照物的水平距离一定时，被照物的亮度与光源高度有关。由适当的灯具高度才能得到最亮的照明。灯檠太长，照到案几的亮度不足，韩愈说它"空自长"的道理就在于此。灯檠太短，灯光炫目。清代光学家郑复光在《镜镜诠痴》卷四《地镫》中说，烛台"低于人，则正对处优射人目"。汉代人设计的两类灯具高度对于跪坐和书案是恰到好处的，符合灯光亮度科学。

　　战国之前为灯具的起源与发展时期，在秦汉之后灯具又有极大进步，相应的考古发现也非常多，本书不再多述了。

1　这些灯高的具体数据，参见高丰、孙建君所著《中国灯具简史》，北京工艺美术出版社，1991。

三、镜

　　传统的中国镜是铜镜，以圆形居多，方形镜较少。当然，也有少数铁镜。镜面平整光滑；镜背有反映中国文化特色的纹饰图案、文字，并铸有钮，以便悬挂或插植。钮镜不仅是中国，而且是整个东方文化的传统，它区别于古埃及和欧洲的柄镜。

　　在谈及古铜镜之前，我们先要述及周代及其之前，许多遗存至今的称为"监"的器物。它或者是陶制，或者是铜制，除了花纹、器形和提耳有变化之外，它们本质上就是一个盛水的盆。镜史上最原始的"镜"，当为池沼湖泊的平静水面。原始社会，美的观念曾使人们面水寻影、梳妆打扮。陶器出现之后，就有了"水监"。只要在陶盆里盛上清水，并将陶盆置于明亮之处，它就形成了一面相当好的水镜。甲骨文中"监"字的造形，就是描摹一个人对盆水寻影。当金属镜发明之后，也就是有了铜镜以后，西周金文中有了带"金"字旁的"鑑"或"鉴"字。而今日通用的"镜"字可能出现于战国后期。当然，在铜镜发明并使用很长的时间之后，"水监"还在被使用。"贫家女无以为镜，每以瓦盆之水而镜之。"[1]

　　据考古发现，铜镜的问世比铜器时代的出现要早得多。约公元前2000—前1900年的齐家文化时期已有铜镜，如1975年甘肃广河齐家坪出土的素镜（背面无纹饰），1977年青海贵南尕马台出土的七角星纹镜，以及甘肃临夏出土的复式多角星纹镜。这时期铜镜镜背均带钮，制作较为粗糙。历史学家称公元前3700—前2000年为铜石并用时期，或许还可指望更早的铜镜问世。进入铜器时代后，商代铜镜增多，据统计，21世纪前共出土九枚，以河南安阳出土居多，其次为陕西扶风。但也有流布于新疆哈密地区的商代铜镜。已出土的西周镜数量相对商代成倍增加，它们分别出土于河南

---

1 宋代佚名撰《观时集》，见《说郛》（商务印书馆本）卷六十五。

三门峡上村岭虢国墓、浚县辛村，陕西宝鸡、凤翔、扶风、淳化，内蒙古宁城，以及新疆哈密等地。其中绝大部分是素镜，只有一枚镜的背面铸有鸟兽纹。春秋战国时期，不但是制铜技术有极大提高的阶段，而且是我国从青铜时代向铁器时代过渡的历史阶段。考古发掘此时期铜镜约千枚，其分布地区广，品种多，制作精细，花纹繁缛。入汉以后，铜镜数量之多，分布之广，又大大超过战国时期。仅 1957—1958 年，在洛阳西部发掘的 217 座汉墓中出土的铜镜就达 175 枚。随着历代铜镜的大量发掘，以铜镜为对象的研究也日渐兴盛。研究者们编制历代铜镜图录，从镜背纹饰与图案中研究其文化价值，探讨中国古代与其他各国的文化交流，还从科学技术方面着手研究它的历史变迁，对它的结构成分进行化学分析和模拟实验，等等。可以说，形成了一门中国古代铜镜学。

　　由于铜镜的镜面必须平整光滑，以便照人，镜背又有文字、图案——这显示其文化价值与时代特征，因此，有关镜的文物报道与著作，往往将其背面制图拍照，告示读者。后来，文物工作者又从科技的角度，除报道文字作详细说明外，或拍照铜镜的侧面，或绘制其横断面图，以示其曲率等情形。它们为研究铜镜的科学或光学特征提供了较全面的素材。如图 2-12 所示，它是在河南偃师杏园村北魏墓出土的一枚铜镜。其中心白亮圆环为镜钮，不同半径的同心圆将镜背分成几个环带，每个环带画有精美的图案。在显著的内环带上，以四乳（四个白色双圆）将镜分成四部分，内绘跪坐着的仙人，其两胁下飘带飞舞，四乳间盘卧狮虎状瑞兽。在其外的一层环带上，绘 12 个半圆涡纹，涡纹间均为一个四字方枚，字体缺笔不清。在此环带外，还有三层绘画环带。镜面微凸，直径为 15.1 厘米。考古工作者精心复原绘图，又绘横断面图，读者一眼即可知该镜的面貌和可能的光学特征。

　　我们再看看在浙江龙游东华山发掘的八枚铜镜（见图 2-13），它们分别是西汉初至东汉中期的遗物。其中，①为云雷纹镜，直径 14.2 厘米，镜

图 2-12　河南偃师杏园北魏铜镜

面微凸。②为方格规矩镜，直径 16.8 厘米，镜面微凸，主纹为规矩纹，间青龙、白虎、朱雀、玄武四神，其间还有鸟、兽等图案以及八乳钉纹。方格座内有铭文"子丑寅卯辰巳午未申酉戌亥"十二地支，每字间以乳钉纹。此外，在外环带上也有铭文。这种带有地支铭文的铜镜与我国罗盘方位的起源极有关系。③为昭明镜，直径 10.8 厘米，铭文环带书"内清昭以日月，光以章"，镜面微凸。④也是昭明镜，直径 8.6 厘米，镜面略有微凸。⑤是蟠螭纹镜，直径 10.4 厘米，镜面平。⑥为昭明镜，直径 7.8 厘米，镜面略有微凸。⑦为日光镜，直径 7.1 厘米，铭文环书"见日之光，天下大明"，镜面略有微凸。⑧也是日光镜，其铭文与⑦同，直径 8.6 厘米，镜面微凸。在这八枚铜镜中，绝大多数是凸面镜，其中①、②、③和⑧镜面凸起明显；④、⑥和⑦，虽不明显，但略微凸起；只有⑤是一枚真正的平面镜。浙江龙游的这八枚铜镜，是从西汉初至东汉中期这一阶段镜面状况的一个很好的反映。

　　在已发掘的从齐家文化到商周之际的早期铜镜中，只有四枚镜的镜面

图 2-13　浙江龙游东华山汉代铜镜

微凸：前述齐家文化甘肃广河齐家坪素镜，1934 年在安阳侯家庄出土的殷商时期扇纹和平行纹镜，1976 年在殷墟妇好墓出土的弦纹辐射纹镜，以及1979 年在陕西凤翔发现的商周之际素镜。可见，其时人们对于镜面要求不高，光学知识也掌握不多。其中，曲率最大的是殷商时期扇纹和平行纹镜，该镜凸起 3.5 毫米，从镜边至中心形成一个平滑弧面。据粗略统计，在西汉初至东汉中期，凸面镜数量增加，曲率稍有增大；在东汉晚期至六朝，凸面镜数量和曲率值明显增大；隋唐五代，平面镜多，凸面镜曲率也稍降低；宋代及其后，凸面镜数量及曲率值又趋回升。

　　我们不妨先欣赏三张历史上的绘画，以证实上述统计结果的真实性，然后再讨论凸面镜相对于平面镜的一些优点。图2-14为晋代顾恺之的《女史箴图》局部，画面为一侍女帮助女主人梳头，其前面为插植于镜杆上的铜镜。从画面中女主人与镜的距离，女主人脸部大小与镜大小之比较，可约略估计该镜是一微凸的镜子。图2-15为唐代周昉绘《纨扇仕女图》之局部，显然，侍者所执之镜面大于梳妆照镜者之脸面，这镜无疑是平面镜。图2-16为宋人绘《半闲秋兴图》的局部，照镜者远离镜案与镜台，而镜内的虚像清楚且绰绰有余地将照镜者全部脸面反映出来了，这无疑是一个微凸的平面镜。这三幅画的时代及其所反映的镜面特征与上述统计结果几相吻合。

图2-14　晋代顾恺之绘《女史箴图》(局部)

图2-15　唐代周昉绘《纨扇仕女图》(局部)

图 2-16　宋人绘《半闲秋兴图》（局部）

对于平面镜和凸面镜的区别，早在战国时期，《墨经》已对它的成像情形做了科学的讨论。《墨经》认为，平面镜的成像是对称的，凸面镜是缩小的正像。以镜照人脸容，整肃衣冠，平面镜不得小于人脸。否则，按照对称性原理，就照不全脸面。若将镜面做成微凸，则镜子就可以小些，且节省了制镜原料。对此，宋代沈括做了极好的解释。他在《梦溪笔谈·器用》中写道：

> 古人铸鉴，鉴大则平，鉴小则凸。凡鉴洼，则照人面大，凸则照人面小。小鉴不能全纳人面，故令微凸，收人面令小，则鉴虽小而能全纳人面。仍复量鉴之小大，增损高下，常令人面与鉴大小相若。此工之巧智。

沈括在此比较了平面镜、凹面镜（"鉴洼"）和凸面镜三者成像情形。

平面镜若小，则"不能全纳人面"，而凸面镜"虽小而能全纳人面"。他进一步指出，在镜的粗坯制成后，"复量鉴之小大"，在镜面上"增损高下"，即改变其曲率半径，从而可使"人面与鉴大小相若"。这是极符合光学原理的叙述。因为球面镜的像距 U、放大率 M、曲率半径 R 有以下关系：

$$M=RU/(2U-R)$$

当像距 U 取一定值后，则 $M=f(R)$，这就是说，放大率 M 仅仅与曲率半径 R 相关。这时，改变曲率半径就可以增大放大率，从而使小镜"全纳人面"。

出土文物中，许多铜镜的镜面做成微凸形状，其道理就在于此。隋唐五代时，平面镜较多，因而镜要铸造得大些。比较图 2-14 至图 2-16，我们自然感觉到图 2-15 中唐代绘画的镜子要比其余的镜子大，以至于令侍者端镜，而并非将镜安插于小巧的镜架或镜台上。当然，图 2-15 描绘的是富庶的王公贵族的家庭生活。对于平民百姓而言，有一面小小的铜镜，甚至有一个陶鉴就满足了。

顺此，我们谈谈铸造铜镜的合金成分。据《考工记·栗氏》载："金有六齐，……金锡半谓之鉴燧之齐。"这里，"金"即指铜。它表明，春秋战国之时铸镜工规定的镜的合金成分为：或铜一分，锡一分；或铜一分，锡半分。今人对"金锡半"的理解，以后者较为接近文物实测的分析结果。铸镜的工艺程序大致是：首先选料、配料，配料中涉及合金成分的比例，除铜、锡外，还掺有少量的铅；其次是熔烧、铸造，包括预先制好镜模；再次是热处理加工，刮削，研磨；最后是所谓的"开镜"，即外镀并打光。经过这些工艺过程之后，正如《淮南子·修务训》所说："鬓眉微豪可得而察。"其中的"磨镜"工艺，在宋代京城是遍布街巷的"小经纪"之一。

古埃及的铜镜产生于公元前 3000 年左右，其铜镜制作技术一直不佳，镜面粗糙。青铜镜在古代西方相对少些，而玻璃镜得以发展。《圣经·出埃及记》述及青铜镜的铜锡比为 38：8，《圣经·约伯记》则记为 37：18。后者与《考工记》的记述类似，但其记述此事的时代显然比《考工记》晚多了。

四、阳燧

阳燧，亦即物理学上所谓的凹面镜。中国古代的阳燧与平面镜一样，均为青铜铸造。迄今考古发掘的早期阳燧有六枚：西周时期四枚，战国时期两枚。

1995 年，在清理陕西扶风黄堆六十号古墓时，发现西周中期偏早时候的阳燧一枚，为迄今所发现的最早的阳燧，距今大约 3000 年之久。经测定，该阳燧直径 8.8 厘米、厚 0.19 厘米，曲率半径为 19.8～20 厘米，焦距为 10～11 厘米。其背面中央为一桥形小钮，钮孔呈规整长方形，既便于装柄，也便于穿绳携带。1972 年，曾在该地区出土一枚属西周中晚期的阳燧，其直径为 8.0 厘米，方形钮。1975 年，在北京昌平西周木椁墓中出土两枚阳燧：其一直径为 9.9 厘米，曲率半径为 30.8 厘米；其二直径为 9.5 厘米。战国时期的两枚阳燧，其一出土于浙江绍兴，为战国初期物品，直径为 3.6 厘米；其二出土于丹东地区，为战国中晚期物品，直径为 12.3 厘米。从汉代起，考古发掘的阳燧逐渐增多[1]。

阳燧，古又称"夫燧""金燧"，或简作"燧"。利用它可以对日取火。如图 2-17 所示，阳燧对日时，远处来的日光可以看作是一束平行光，经过阳燧光滑表面反射后，反射光交于阳燧的焦点上。在焦点处放置易着火的艾绒，不一会儿，艾绒起火。《周礼·秋官·司烜氏》载："掌以夫燧取明火于

---

1 钱临照：《阳燧》，《文物》1958 年第 7 期，页 28—30。该文述及宋代三件阳燧。

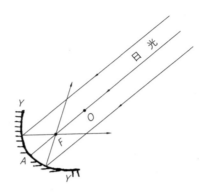

图 2-17 阳燧对日取火图：Y 为阳燧，F 为其焦点，O 为
其弧面的中心点，AF 为阳燧焦距，AO 为阳燧曲率半径

日。"其道理就在于此。西周时期，宫廷中设有掌管阳燧取火的官员，称为
"司烜氏"。前述陕西扶风黄堆六十号墓发现的西周早期的阳燧，其墓主人可
能就是这种官员，因为阳燧出土时置于墓主人右臂骨骼下。《礼记》多反映
战国时期礼仪制度，《礼记·内则》载："左佩……金燧，右佩……木燧。"
《礼记》所载与黄堆六十号墓阳燧所置方向有差，可能是时代变迁之故。阳
燧或金燧，日光下取火用；木燧，是钻木取火的工具，阴天和夜间用。人们
身上佩挂这两种燧，不愁无火种矣。

汉初，《淮南子》中有多篇述及阳燧。《淮南子·天文训》写道：

> 物类相动，本标相应。故阳燧见日则燃而为火，方诸见月则津而
> 为水。

这里述及的"方诸"，又名"阴燧"，即大蛤的壳。因其内面光滑，易
冷，夜间温差变化时能在壳内面形成小水珠。汉代高诱就此注道：

阳燧，金也。取金杯无缘者，熟摩令热，日中时以当日下，以艾承之，则燃得火也。

事实上，高诱注解指出，一种无缘侈口、内面光滑的青铜杯也可以当作阳燧使用。用其取火时，并非需要"熟摩令热"。类似记载也见于王充《论衡》中《率性篇》《乱龙篇》和《定贤篇》。王充指出，磨光的刀剑偃月钩也能当阳燧使用，这是其光滑的凹形表面所致。汉代以后，有关阳燧的文字记载，见诸晋崔豹《古今注》卷下、干宝《搜神记》卷十三、王嘉《拾遗记》卷八等，不胜枚举。然而，对阳燧一类凹面镜最早做出光学探讨的是《墨经》。

《墨经·经下》："鉴洼，景一小而易，一大而正，说在中之外、内。"所谓"鉴洼"，即凹面镜；"洼"者，凹也。凹面镜成像有三种情形：物体在球心之外，则像比物小而倒立，是实像；物体在球心与焦点之间，则像比物大而倒立，也是实像；物体在焦点以内时，则像比物大而正立，是在镜背面的虚像。然而，《墨经》此处所谓"中"，非球心，亦非焦点，而是球心与焦点之间的一段长度（见图2-18）。实验者是以自身作物，以自己的眼睛作屏，

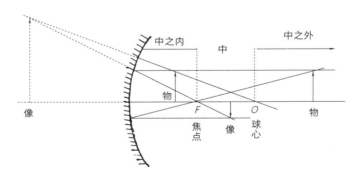

图 2-18 凹面镜成像

并在从远处向着凹面镜走近的过程中观察自身的成像情形。这样，当人在球心外向球心走近时，观察到自己的缩小倒像（实像）迎面而来；越接近球心，像逐渐模糊以至不辨（因为此时，眼睛所见之像与眼越来越近，当其距离接近并小于人的视距 25 厘米界限之时，像变得模糊乃至不可辨）；当人走过球心并在球心与焦点之间时，成像在人脑后，故无所见；当人走过焦点并继续向凹面镜前进时，又看见镜背后放大的正立的虚像。《墨经》就是如此忠实地记录了这种情况下的凹面镜成像情形。

汉代，《淮南子·说林训》作者模糊地意识到阳燧焦点的存在：

> 凡用人之道，若以燧取火，疏之则弗得，数之则弗中，正在疏数之间。

汉代高诱注解《淮南子》，将"疏""数"作"迟""疾"解，意即着火时间要有节，不宜快，也不宜慢。此解不确。"疏""数"，显然是指远、近。就阳燧点火而言，距焦点太远，不能着火。只有正好在焦点上，才能起火且时间较快。《淮南子》以此比喻用人之道：要用人则不能与人太疏远。

唐代欧阳询（557—641 年）在其所编《艺文类聚》卷八十《火》中引述《淮南子·天文训》有关"阳遂见日则燃而为火"的记载，在此记述之下有一注释。该注释与东汉高诱注不同，它明确地指出焦距的长短。该注写道：

> 阳遂，金也。取金杯无缘者，执日高三四丈时，以向，持燥艾承之寸余，有顷焦之，吹之则燃，得火。

《艺文类聚》成书于唐初武德年间（618—626 年）。这注释当是东汉高诱之后、唐之前学者所作。在实践上，自利用阳燧点火之日起，其焦点已为人们所掌握。然而，有明确的文字称在阳燧前"寸余"得火，这还是第一次。

继墨翟之后，沈括对凹面镜又一次做了深入考察，他清楚地认识到焦点，而且结合小孔成像原理提出了"格术"概念。《梦溪笔谈·辩证一》写道：

> 阳燧照物皆倒，中间有碍故也，算家谓之格术。如人摇橹，臬为之碍故也。若鸢飞空中，其影随鸢而移；或中间为窗隙所束，则影与鸢遂相违：鸢东则影西，鸢西则影东。又如窗隙中楼塔之影，中间为窗所束，亦皆倒垂，与阳燧一也。阳燧面洼，以一指迫而照之则正，渐远则无所见，过此遂倒。其无所见处，正如窗隙、橹臬，腰鼓碍之，本末相格，遂成摇橹之势。故举手则影愈下，下手则影愈上，此其可见。

> 阳燧面洼，向日照之，光皆聚向内。离镜一二寸，光聚为一点，大如麻菽，著物则火生，此则腰鼓最细处也。

沈括将阳燧的焦点称为"碍""腰鼓最细处"。如图 2-19 所示，我们将阳燧 Y、通过其焦点 F 的光线 AA'、BB' 以假想的腰鼓形式连在一起，就可以理解他的"格术"之意了。沈括毫不怀疑通过焦点的任意一条光线，如 AA'、BB'，是直线行进的。但沈括在此重在解释阳燧成倒像的原因。他将 F

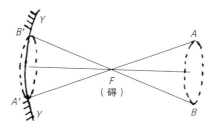

图 2-19 阳燧与腰鼓

（碍）与 AB 作为问题的一方，将 F（碍）与 A'B' 作为问题的另一方，当 AF 向 BF 移动时，FA' 就向相反方向 FB' 移动。由此，他将倒像原因归于"有碍"，或小孔成像中有"小孔"。他在此仿算家的"招差术""垛积术"之词将其命名为"格术"，因为这种几何光学性质如同櫺臬（支撑櫺竿的木桩）使摇櫺"本末相格"一样。"臬"或"碍"分别使櫺竿和光线在其前后的空间方位发生相反的变化。除了提出"格术"这一概念外，沈括和墨家一样，以实验研究阳燧成像情形：手指从镜面外移，先见正立虚像；近焦点时，像无所见；过焦点再向外移，则见倒立实像。他明确了凹面镜在焦点内外的成像，比墨家"中之内外"的概念清晰多了。同时，沈括进一步描写了焦距长度与焦点大小："离镜一二寸，光聚为一点，大如麻菽。"这是中世纪期间对凹面镜成像所做出的最清晰的物理阐述。

五、避邪纳福镜与组合平面镜

1982 年，在河北正定天宁寺凌霄塔地宫出土一枚铜镜，其直径 30.5 厘米。该镜悬挂于地宫顶部，镜面向下，照向地宫内的石函，镜背铸阳文"福寿满堂"四字。该塔为唐代宗年间（762—779 年）所建，宋庆历五年（1045 年）、崇宁二年（1103 年）和金正隆六年（1161 年）都曾重修。因此，该镜的制作与悬挂当在 8 世纪中期至 1161 年间。从镜背铭文看，该镜意在纳福。

在河南邓州福胜寺塔地宫也发现一枚镶嵌在地宫顶部的铜镜，其直径 30 厘米，圆形，圆钮。福胜寺建于宋天圣十年（1032 年），为佛教文物。有关报道中，未见有关镜背铭文的说明。按照佛教的惯例，这面镜当是避邪镜。

假设凌霄塔地宫的纳福镜悬挂于宋庆历五年，那么，它与福胜寺塔地宫悬挂的避邪镜几乎同时。这两枚镜直径都为 30 厘米或稍多些，这在古代算是大镜了。

用以避邪的铜镜，在明代屠隆《考槃余事》卷四中有记载：为了避邪，人们常在卧榻前"悬轩辕镜，其形如球"。可见，轩辕镜是一种球面镜，更可能是凸面镜。凸面镜成像总是小于物的正立虚像，它使像变形，以致山精鬼怪"其形在镜，则消亡退走"。这当然是一种迷信之说。明代方以智在《物理小识》卷八中记述了佛教徒以"轩辕镜"避邪之说，他写道：

> 悬轩辕镜，朱砂涂系，围四镜相照，能辟邪。智谓楞严坛十六镜，上下摄照，即此意也。

据方以智所记，在轩辕镜周围还需加上四镜，即东、西、南、北各一镜。但这"四镜"为何种形状，方以智没有讲。如果"四镜"都是凸面镜，则成像是缩小的正像。若球面曲率不匀，或椭圆或抛物面，则成像如同今日之哈哈镜。若将这样的五个镜组合在一起，任一物经它们反复成像之后，的确会令人倒生寒毛、退避三舍。"楞严坛十六镜"，可能是在四面八方布镜之外，又在上下两方布镜。这不是组合平面镜，就是组合球面镜，或兼而有之。方以智在清兵入关后，流离岭南，曾居梧州云盖寺，削发为僧，避身禅门。因此，有关轩辕镜避邪之事，当耳染目睹。

方以智所记述的避邪镜，与凌霄塔、福胜寺塔地宫顶部避邪纳福镜有所不同，这大概是时代不同之故。凌霄塔与福胜寺塔的避邪纳福镜是迄今所知的较早的佛教有关文物。与避邪纳福镜功用类似，用于演示佛法无边、虚幻境界的组合平面镜，其最早文字记载见于宋初，比凌霄塔与福胜寺塔镜子早约不过百年。

宋初高僧赞宁在其主持编撰的《宋高僧传》之《僧法藏传》中叙述了

这样一件事：僧法藏"利智绝伦"，曾为武则天讲《新华严经》，则天茫然不知。因以殿前金狮子为喻，则天遂开悟性。还有比武则天更难开窍的，法藏就为他们设计了以下实验，以便理解佛经要诀。习经者在实验启发下，"涉入无尽法义"。赞宁因之称颂僧法藏"善巧化诱"。法藏的实验如下：

　　取鉴十面，八方安排，上下各一，相去一丈余，面面相对。中安一佛像，燃一炬以照之，互影交光。

"八方"，指实验用房间内八个方向：东、南、西、北，以及东北、东南、西北、西南。加"上下各一"面镜，共十面镜。将十面大镜，如此安排、布置、组合，屋中佛像与火炬便"互影交光"，层出不穷。虔诚的信徒进入此屋中，便如同身处虚幻境界，并为佛法无边叫绝。当然，这件事本身发生在武则天所在的公元 7 世纪。凌霄塔与福胜寺塔地宫的镜子是由此而演变产生的，也未可知。

　　然而，道教更早地利用了组合平面镜实验以阐释道法。晋代道教代表人物葛洪在其《抱朴子·内篇·杂应》中写道：

　　明镜或用一，或用二，谓之日月镜；或用四，谓之四规镜。四规者，照之时前后左右各施一也。用四规所见，来神甚多。

由此看来，所谓"日月镜"，是用两枚镜子对照，正如今日梳妆者在脑前后各施一镜即可见自己脑后一样。所谓"四规镜"，是前后左右各施一镜，这样，镜中之像又成像于其对称之镜中，影影相传，层出不穷。故谓"四规所见，来神甚多"。葛洪在《抱朴子·内篇·地真》中说出了他以组合平面镜照物的原因：

师言守一，兼修明镜。其镜道成则能分形为数十人，衣服面貌皆如一也。抱朴子曰：师言欲长生，勤服大药；欲得通神，当金水分形。身分则自见其身中之三魂七魄，而天灵地祇，皆可接见；山川之神，皆可使也。

道教人物亲手拿起了多面镜子，果然"分形为数十人"，即镜之像有数十个，"衣服面貌皆如一"。道家"分形术"，大抵如此。"当金水分形"，也就是利用铜镜和水镜。葛洪组合平面镜的实验成功而想象丰富。在他看来，如此即可役使山川之神，可接见天灵地祇。说穿了，道教的意思是，有了一定科学知识，掌握了一定的科学法则，就没有办不到的事，神灵鬼怪更不在话下。这就是道教对科学技术感兴趣的原因之一。

五代时有名的道士谭峭也对组合平面镜感兴趣。他在其著《化书》卷一《形影》中写道：

以一镜照形，以余镜照影。镜镜相照，影影相传。不变冠剑之状，不夺黼黻之色。是形也，与影无殊；是影也，与形无异。乃知形以非实，影以非虚，无实无虚，可与道俱。

谭峭叙述的组合平面镜照物实验，比起其前之道士，既不修饰，也不神秘化，对形（物）与影之差异也做了忠实而且正确的记述。但他立即以此解释"道"，说"道"是"无实无虚"的东西。

宋代张君房在其主持汇编的《云笈七签》卷四十八中也写下了类似文字。他说："以九寸镜各一枚，挟其左右，名日月镜。"又说："金水内景，以阴发阳，能为此道，分身散形，以一为万。"这意思是，组合平面镜可以"一"物而见"万"物的像。张君房还具体叙述了平面镜的摆放与人体位置所在，并以此阐述其道旨。

历史上有许多有关的文字记载，我们不一一涉及了。从上可见，无论是佛教还是道教，都以平面镜及其组合来解释或阐明其深奥的哲理。他们在宣扬其佛法、道法的过程中，都能抓住他们所能了解的科学事例。考古发掘的地宫顶部悬挂的避邪纳福镜可能是他们对其哲理和科学的一种实践应用。

图 2-20　汉代开管式潜望镜（示意图）

在述及组合平面镜之后，我们不能不进一步指出，汉代淮南王刘安在《淮南万毕术》中叙述的一种复镜（今人据文意描绘的示意图见图 2-20）。他说："高悬大镜，坐见四邻。"高诱注曰："取大镜高悬，置水盆于其下，则见四邻矣。"这是由一面铜镜、一面水镜组合成的开管式潜望镜，它在科学上是近代潜望镜的始祖，在哲理上可能是后来佛教、道教演示组合平面镜成像的启蒙之作。

六、从"水晶饼"谈到透镜

在前述河北正定天宁寺凌霄塔地宫中，除了出土避邪纳福镜之外，令人感到惊喜的是，在这避邪纳福镜所照的长方形石函内还出土了所谓"水晶饼"一件，直径 5.3 厘米，中厚 2.5 厘米，呈中部鼓起的圆饼形；此外，还有直径为 3.4～6.5 厘米的水晶珠四件，直径为 3.4 厘米的茶晶珠一件；璞玉一枚。它们都是宋徽宗崇宁二年（1103 年）的遗物。

"水晶饼"是什么？有何科学价值？

从《文物》报道推测，所谓"水晶饼"，正是光学上的水晶凸透镜，它是由水晶体加工制造而成的，其光学性能与玻璃凸透镜相同，其质地胜过一般玻璃透镜。人们制作它的目的是取火用。它和同一石函内出土的四枚水晶珠都可以作为取火用具。在同一地点发掘出五枚较大的水晶凸透镜，这在中国文物发掘史上并不多见。它们和嘉峪关的平凸透镜证明了古代中国有取火透镜，也为历代典籍中关于光学的记载提供了物证，同时结束了长期以来物理学史界关于中国古代有无透镜的争论。

由于未曾测定"水晶饼"的焦距和曲率半径，因此，图 2-21 中，虽然透镜的大致形状与大小按"水晶饼"比例画出，但其焦距（HF 或 HF′）和

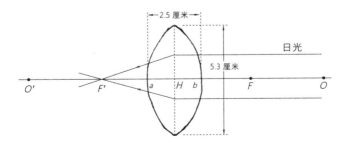

图 2-21　凸透镜取火

曲率半径（aO 或 bO'）是随意做出的。图 2-21 只表明，当太阳光从物空间（HFO）射入透镜时，在像空间（$HF'O'$）的焦点（F'）就可以燃艾引火。

事实上，考古界已发掘出许多水晶透镜。

据考古报道，在山东诸城臧家庄与葛布口村战国墓中曾出土扁圆形水晶珠，大者直径达 2.2 厘米，厚 0.7 厘米。从物理学观点看，它就是小型的水晶凸透镜。时人曾否用它聚焦点火，是值得考虑的问题。

据《嘉峪关壁画墓发掘报告》称，在属于西晋时期的嘉峪关古墓群中出土了两件水晶珠，"白色透明，圆形或椭圆形，底面平，背面隆起成寰顶"，其中圆形水晶"直径 1.7 厘米，隆高 0.4 厘米"，椭圆水晶"长径 1.3 厘米，短径 1.1 厘米，宽 1.2 厘米"。嘉峪关在甘肃河西走廊，是通往西域的战略重地。据同墓出土的大量战争场景绘画看，这两件水晶当属平凸透镜，可供战时对日取火。与此水晶几乎同时的西晋张华在《博物志》中说及取火法，"如用珠取火"，就是以这种水晶珠取火。但这种取火法可能当时尚属军事秘密，故而张华称"多有说者，此未试"。由此可见这两件平凸水晶出土的科学价值。

据《文物》报道，在南京北郊郭家山东晋墓葬中曾出土水晶凸透镜，直径 2 厘米，在安徽亳州曹操宗族墓葬中出土"聚光玻璃器五件"，或扁圆形，或扁桃形，"明亮度与水晶相同。在放大镜下可看到内含微泡，硬度同玻璃一样"，凸高为 0.5～0.6 厘米，可以断其为凸透镜。对于这些水晶或玻璃凸透镜尚有不同看法。然而，嘉峪关水晶珠以及凌霄塔地宫出土的宋代"水晶饼"，为点火用的水晶凸透镜是毫无疑问的了。

迄今考古发掘的历代水晶珠或玻璃珠举不胜举。天然水晶在新石器时代就受到人们的注意，并将它做成装饰品。在距今五六千年的浙江吴兴邱城遗址和安徽含山凌家滩遗址都曾发现水晶粒或小水晶球。在殷商、西周和春秋战国墓葬中亦多有发现。在江西新干大洋洲商墓中出土了属于殷墟早中期的高纯度水晶圆套两个，其直径分别为 7 厘米、4.7 厘米。在天津宝坻牛道口第二层文化遗存中除发现西周初期水晶珠、料珠之外，尚发现一块呈不规则三角形的水晶。在山东诸城臧家庄与葛布口村战国墓中出土的水晶珠呈扁圆形，大者直径达 2.2 厘米，厚 0.7 厘米。在绍兴 306 号战国墓中出土多达13 颗的紫色水晶，剖面为椭圆或菱形。这是公元前 473 年之前的水晶工艺制品。在西汉初期中山靖王刘胜（公元前 165—前 113 年）的墓葬中，除出土水晶珠外，还有水晶印。

中国古代的玻璃自成体系，它是一种铅钡玻璃；西方的玻璃含钠钙较多。或许由于中国瓷器发达，玻璃未曾在古代得到充分发展和应用，而与玻璃同类的琉璃有了相当发展。琉璃是晶体熔化后仍保持液态结构的固体，或者说，是保留在过冷态的液体。瓷器上的釉就是琉璃，完全透明的琉璃就是玻璃。在古代文献中，称"琉璃"的东西也有可能是玻璃。

根据考古发现西周墓葬中有玻璃珠的事实，可以推断，我国的玻璃大约出现于西周时期。在宝鸡益门村二号春秋墓发掘出多达 1615 粒的料珠串饰。在湖南慈利石板村战国墓中出土透明料珠 17 件。在战国初年曾侯乙墓中出土了成串的 200 余颗的料珠和玻璃珠。在扬州邗江甘泉西汉"妾莫书"墓和杨寿新莽时期宝女墩墓中都发现了用以制作衣服的长方形玻璃片，都是我国自产的玻璃，有一些迄今仍有光泽。已发掘的汉代玻璃珠或玻璃器皿逐渐增多。尤其是，在河北满城刘胜墓中发掘我国自产的玻璃盘、耳杯，经化验，其主要成分为硅、铅、钠和钡。随着中西交流的发展，各种玻璃器件或饰物，此后屡有出土，其中多为舶来品。有趣的是，根据对 1950—1980 年间考古发掘的历代自产玻璃的分析统计，有人认为我国玻璃制造曾经有过几次发展；更令人感兴趣的是，相应的每次发展之后，有关透镜的知识也有所进步。

应当说，以上所罗列的汉代及其之前的水晶与玻璃文物仅仅是考古发掘的十之一二罢了。人们自然会提出疑问：在汉代及其之前的漫长历史进程中，在欣赏、加工、制作水晶或玻璃过程中，人们未曾发现它们的任何光学特性，诸如对日取火或日光下的五色斑斓现象？

先秦时期，文献中尚没有专门的玻璃名称。一说战国时期称玻璃为"璆琳"；汉代有"壁流离""瑠璃""流离""琉璃"等称呼；北朝时期，有文献记为"颇梨"[1]；唐代，"颇黎""玻瓈"之名见于史籍[2]。此后，才有如今所用的"玻璃"一词。

较早隐约涉及点火透镜的可能是《管子·侈靡》中的记载："珠者阴之阳也，故胜火。"唐代房玄龄或尹知章作注说："珠生于水而有光鉴，故为阴之阳；以向日则火烽，故胜火。"注释中"珠生于水"的"珠"，并非蚌珠（俗称珍珠），而是产于山岸流水之中的水晶珠。"向日则火烽"，也就是"向日则火生"之意。可见，至晚在《管子》成书时代，人们已知道水晶珠能向日取火。鉴于它能聚焦日光取火，人们也称水晶珠为火珠。晋代张华在《博物志》卷四《戏术》中说："取火法，如用珠取火，多有说者，此未试。"能取火的珠必定是水晶珠或玻璃珠，而不可能是蚌珠。张华自己虽未曾亲自尝试，但知道水晶珠和玻璃珠有此光学特性者众矣。这是关于利用火珠于太阳光下取火的较早的明确记载。

实际上，比张华更早的东汉王充在其《论衡·率性篇》中已指出："道人消烁五石，作五色之玉"，"随侯以药作珠，精耀如真，道士之教至，知巧之意加也"。他还一再地将此"道人之所铸""随侯之所作"与阳燧点火相提并论。可见，至迟王充时代已有人铸造或制造能点火的玻璃透镜。

"随侯"即隋侯，在《墨子·耕柱》中也被述及，说他的珠是"诸侯之所谓良宝也"。《战国策·楚策四》也说："宝珍隋珠不知佩兮。"汉高诱在注

<hr>

1《北史》卷九十七《波斯传》等。
2《旧唐书》卷一百九十八《泥婆罗国传》等。

《淮南子·览冥训》中"隋侯之珠"时写道："隋侯，汉东之国，姬姓诸侯也。"曾侯乙墓发掘后，有人认为，曾侯即随侯，曾国即随国，一国二名也。因此，曾侯乙墓出土的大量料珠与玻璃珠或许就是所谓的"隋侯珠"。由此看来，王充记述的"道人消烁五石""随侯以药作珠"，这二者当指玻璃珠。如果曾侯乙墓出土的玻璃珠少有与白色玻璃类同者，那么，汉代的玻璃制造技术，从满城汉墓发掘的玻璃器来看，已有了极大提高。王充在东汉时代记述的"五色玉"或玻璃珠，是毋庸置疑的。能制造玻璃珠，就有可能将它们作透镜使用。晋代张华记述的取火珠正是这一科学技术发展的必然结果。结合文物与文字记载，用玻璃或水晶透镜点火，至晚为汉晋人所掌握，当不会有太大争议。

从萧梁朝起，史书中有许多关于边远地区或西域国家贡"火齐珠""出火珠""火珠"的记载[1]。入唐以后，凸透镜取火的记载已是明确无误。《旧唐书·林邑国传》载，贞观四年（630年），林邑国王范头黎遣使献火珠，"大如鸡卵，圆白皎洁，光照数尺，状如水精。正午向日，以艾承之，即火燃"。

基于取火的相同功能，唐宋年间，有人将凸透镜（玻璃珠、水晶珠）也称为"阳燧"[2]或"阳燧珠"[3]。其实，后者是凹面反射镜，它与凸透镜有本质的区别。南唐道士谭峭在其《化书》卷一《四镜》中描述了四种镜子：

> 小人常有四镜：一名圭，一名珠，一名砥，一名盂。圭，视者大；珠，视者小；砥，视者正；盂，视者倒。

英国的中国科学史家李约瑟博士和中国的一些学者，都认为这四镜是透

1 《梁书》卷五十四。

2 王焘：《外台秘要方》卷三十九。

3 李昉等：《太平广记》卷三十四《崔炜》。

镜类镜子。

入宋以后，沈括将水晶凸透镜称为"水晶镜子"。杜绾在《云林石谱》卷上《英石》中说天然石英"面面有光可鉴物"。正是此时期，人们以透镜制作放大镜，以便刑侦官在阅读案牍时可以清楚地看见那些模糊不清的文字。刘跂（？—1117年）在《暇日记》中写道：

> 杜二丈和叔说，往年史沆都下鞫狱，取水精数十种以入。初不喻，既出乃知案牍故。暗者以水精承日照之则见。

目力辨别不清的文字放在光线明亮的凸透镜下（此时，文字一般都在透镜的焦点以内），就可以看到放大的正立虚像。史沆在京城审讯囚犯、阅览案牍，身带数十种水精（当是不同放大率的平凸透镜或双凸透镜），将那些"暗者"（即分辨不清的文牍）置阳光处，文牍上放水精，就能看清其中的文字。值得注意的是，刘跂记述此事的时间与凌霄塔地宫中的"水晶饼"和水晶珠几乎同时，后者除了作为点火透镜外，是否也曾被佛教寺庙中的长者用以诵读经文呢？

更有趣的是，几乎也与凌霄塔地宫中的水晶透镜同时，何薳（生活于11、12世纪之间）记述了一种"鲫鱼杯"：当杯内盛满水时，见杯"中间一鲫，长寸许，游泳可爱"；当水泼干后，"鱼不复见"。[1]这种杯子或盂器，类似前些年市场上曾畅销一时的"明星杯"：杯内盛满水或酒后，见杯底一微笑明星；酒饮干，明星也消失不见。实际上，这是一种在杯底装有凸透镜的酒杯。在制造此杯时，于凸透镜下嵌入一鱼形物（或一小张明星照片）。当杯不盛水或酒时，鱼成像在人眼一侧为实像，人眼不易看清；盛酒、水后，

---

1 何薳：《春渚纪闻》卷九《纪研》。

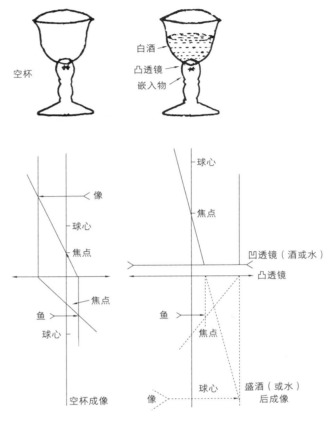

图 2-22　鲫鱼杯成像原理图

透明的白酒或水成为一面凹透镜，它与凸透镜组成一个凹凸相接的复合透镜。鱼等物在这复合透镜的焦点之内，成的像是在杯底一侧的放大的虚像（见图 2-22），于是，人眼能看清楚它。这记载表明，古代人在实践中已了解了透镜成像的知识，而凌霄塔地宫中的水晶珠又为此时期制造这种杯子已具有一些关键材料提供了佐证。我们可以期待考古发掘出这种杯形或盂形容器。

七、"透光镜"之谜

古代人所谓"透光镜",其实并不透光。清代光学家郑复光在其著《镜镜诊痴》卷五《透光镜》中说:

> 独有古镜,背具花文。正面斜对日光,花文见于发光壁上,名透光镜。

可见,"透光镜"就是青铜平面镜。其奇特之处在于,被它反射到屏(墙)上的光中呈现出该镜背面的纹饰,仿佛是入射光"穿透"青铜镜体,神出鬼没地将镜背图纹反射到屏上了。因此,古代人称它为"透光镜"。

在湖南攸县曾发掘一枚战国时期透光镜,直径 21.8 厘米,厚约 0.2 厘米。由此推断,透光镜在中国具有长远的历史。据考,有文字可查[1]或实物遗存至今的汉代透光镜约 20 枚。其中,上海博物馆藏西汉透光镜 4 枚,背铭"见日之光,天下大明"的透光镜(见图 2-23)尤为著名。隋唐间,可查考的透光镜也不少,在河南遂平曾相继两次发现两枚唐代透光镜。自宋以降,民间收藏透光镜的人明显增加。而到清代,郑复光在驳古人视透光镜如奇宝时说:

> 透光镜,人争宝焉。不知湖州所铸双喜镜,乃日用常品,往往有之,非宝也。

由此可见,至晚在明清时代,中国有一部分学者视它为常镜。这时期,湖州(今属浙江)所铸双喜镜,既是日用品,也是透光镜。留意明清时期有

---

1 如《西清古鉴》卷三十九。

图 2-23　西汉透光镜背面纹饰

关文物，也当不难发现之。但是，年代稍远的青铜平面镜，由于出土的大部分锈蚀斑斑，很难再验证其是否为透光镜。如若将它们再加工打亮，即使出现"透光"现象，似也有今日加工工艺所致之嫌。因此，处理古代铜镜要极为科学、严谨。

且不说战国时期的透光镜。至晚在西汉时期，中国人已探明了成功制造透光镜的奥秘。但是，历史总是曲折的。我们迄今尚未发现公元 6 世纪之前有关透光镜"透光"现象的文字记载。直到北周和隋唐之际，才有了有关的文字记述。

北周庾信（513—581 年）在《镜赋》中曾写道："临水则池中月出，照日则壁上菱生。"[1] 此"菱"字是指镜背花纹。清代光学家郑复光持此说。隋唐之际，王度在其《古镜记》中叙述其师临终前赠以古镜，他以此镜"承日照之，则背上文画墨（尽）入影内，纤毫无失"。这就是说，大约从 6 世纪起，人们才发现透光镜的"透光"现象。至晚从此时起，透光镜的制造就是有意

---

1 欧阳询:《艺文类聚》卷七十《镜》引庾信赋。

识的了。

可作为这一结论佐证的是，清代冯云鹏、冯云鹓兄弟所辑《金石索》卷六记载了一枚唐代八卦镜，背铭"透光宝镜，仙传炼成，八卦阳生，欺邪主正"。这是较早出现"透光镜"三字。冯氏兄弟检验该镜，证实它"迎日照之，八卦太极，光映素壁"。这证明，该镜铸造者是下意识制造透光镜的。因为镜背铭文是匠师铸造的，而非后来补刻或补铸。

"透光镜"三字在唐代出现，以及迄今考古发掘唐代透光镜多枚，表明唐代人确实已经着意制造这类镜子。入宋以后，科学家沈括有史以来第一次果敢地断论了"透光"现象的本质，也首次记述了使光滑镜面有与其背纹相似的痕迹的铸造方法。自他之后，透光镜的铸造问题为历代学者所重视。可以说，近代学者所能想到的制造方法都被古代中国人提出过。郑复光在他于 1835 年之前成书的《镜镜诊痴》中，不但总结和评述了历史上有关透光镜制法的言论，而且在中国历史上最清楚、正确，在世界上最早论述了"透光"现象的光学原因。他的论述比英国物理学家布喇格（W. H. Bragg，1862—1942 年）在 1932 年的有关论述整整早了 100 年。

我们先谈谈透光镜"透光"的原因。

即使镜体极薄，可见光绝不能穿透青铜合金板。那么，镜面反射光何以会出现镜背纹？除了镜边缘和凸起纹饰之外，镜体极薄，仅有 0.5~0.9 毫米之厚。经过某种铸造法或机械加工，镜面产生了与镜背纹饰相似的图案。这些镜面图案，人眼觉察不出，而在其反射光时就出现在光屏上了。因此，透光镜实是镜面各处曲率不同的凸面镜。在有纹饰的厚处曲率较小，无纹饰、铭文的薄处曲率较大。当一束平行光照射镜面时，曲率大的地方反射光比较分散，在屏上的投影光就比较暗；曲率小的地方反射光比较集中，投影光就比较亮，如图 2-24 所示。由于明暗不同，透光镜反射到屏上的光就产生了与镜背相同的明暗花纹。这就是"透光"的秘密。

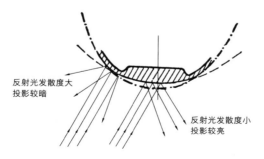

反射光发散度大
投影较暗

反射光发散度小
投影较亮

图 2-24　不等曲率镜面的反射

古代人如何制造这种镜，使其镜面曲率不相等呢？沈括在《梦溪笔谈·器用》中说：

> 人有原其理，以谓铸时薄处先冷，唯背文上差厚，后冷而铜缩多，文虽在背，而鉴面隐然有迹，所以于光中现。

沈括的这种解说，今日被称为"铸造说"。明代郎瑛持类似说法。他在《七修类稿续稿·透光镜》中说："予意此必铸时或异，而用铜用药非常者。"郑复光在一定程度上支持沈括之说。但自宋以降，对沈括之说存有异议。

元代吾衍提出了另一种看法。他在其《闲居录》中说：

> 假如镜背铸作盘龙，亦于面镜篆刻作龙，如背所状，复以稍浊之铜填补铸入，削平镜面，加铅其上，向日射影，光随其铜之清浊分明暗也。

这个解说，今日被称为"镶嵌说"。它在历史上得到许多人赞同，然郑复光持异议，而且，近年一些研究者也持有异议。

郑复光在《镜镜詅痴》卷五《透光镜》中提出了自己的看法。他说：

　　铸镜时铜热必伸。镜有花纹，则有厚薄。薄处先冷，其质既定，背文差厚，犹热而伸，故镜面隐隐隆起。

　　这实际上是进一步阐述了沈括"铸造说"的物理原因。然而，郑复光又做了补充论证：在镜坯成形之后，还要经过"刮"与"磨"的工序。他说：

　　夫刮力在手，随镜凸凹而生轻重，故终有凸凹之迹。
　　虽工作刮磨，而刮多磨少，终不能极平，故光中有异也。

　　这种看法被称为"刮磨说"。郑复光特别强调刮磨对镜面曲率的影响。但近年的研究表明，刮磨法造成的"透光"图像是空心的，即图像边缘亮，中间暗；而西汉透光镜是实心的，即整个图像都是明亮的。近年的研究者中，上海博物馆和复旦大学光学系采用淬火法，上海交通大学采用铸磨法。有的强调铸造残余应力和结构应力的影响，认为这是铜镜"透光"的基本原因，而研磨是其"透光"的重要环节。还有人主张，据历史上的三种说法都可以制成透光镜，在遂平发现的唐代透光镜很可能是用吾衍镶嵌法制成的。而且，可能不止上述三种方法。

　　对透光镜"透光"机理的解释，最早是由沈括结合其铸造说而提出的。沈括和他的同时代人都知道，"透光镜"是反射镜，只是其镜面"隐然"有与镜背相似的痕迹。这一解释得到后来学者们几乎一致的称许。

　　郑复光发展了沈括的见解，做出了几近于近代科学的解释。他将沈括提出的镜面"隐然有迹"的"迹"，一语点破为"凸凹之迹"。镜面凸凹，在阳光下"平处（此指稍凹之处——引者注）发为大光；其小有不平处（此指凸处——引者注），光或他向，遂成异光（今日谓之"发散光"——引者注），故见为花纹也"。对照图 2-24，郑复光的解释就不能不令人叹服了。不仅如此，郑复光还将水面反射与透光镜反射做了类比，他说：

> 水静则平如砥，发光在壁，其光莹然动，则光中生纹，起伏不平故
> 也。铜镜及含光玻璃，其发光亦应莹如止水。

他又说：

> 铜镜磨工不足，故多起伏不平，照人不觉，发光必见。
> 由于（镜面）凸凹，故能视镜无迹而发光显著也。

郑复光所谓"发光"，即今日所谓镜面反射光。他在水面和青铜镜面之间所做的类比，约 100 年后为西方光学家解释透光镜现象时所采用。他的"镜面凸凹""起伏不平"之说，也为当代光学所采用。而他的关于玻璃会产生类似现象的论述，成为当代精密光学仪器制造家的警世之言。

一件有意思的事是，在郑复光的《镜镜诒痴》成书（1835 年前）之后，1877 年，英国传教士傅兰雅先生在上海主编科学杂志《格致汇编》，有山东烟台人询问透光镜之原理，傅兰雅回答："考光学中并无此理。"并以类似元代吾衍"镶嵌法"的说法阐述之。次月，又有广东人再问，并推想：将带有与镜背相同花纹的铁范以强力压于镜面，就可以造成透光镜。傅兰雅对此不能回答，并直率地承认自己之前所解答"为随意说出，非必为其实在之故"。傅兰雅在肯定广东人设想"似乎有理"的同时，又说："此镜本非出自西国，西国之书不论及之。莫怪本馆不能径答也。"[1]傅兰雅的回答，既反映了当时大多数西方学者尚未听说过透光镜，也不知其理何在，同时更体现了傅兰雅

---

1 《格致汇编》1877 年第八卷第 15 页正面"相互问答"，以及第九卷第 13 页正面"相互问答"。

本人的学者风范。

透光镜在世界各地传播并引起现代科学家的关注与研究，这个过程也是极有趣的。早在汉代，中国铜镜已传到朝鲜和日本。曹魏明帝景初二年（238年），一次送给日本使臣的铜镜足有百枚。奈良时期（710—794年，相当于我国唐代中期），日本已从中国学到了铸镜技术。在江户时代（1603—1868年），日本人又学会了制造透光镜，并称其为"魔镜"。明治初期（相当于我国清代后期），日本民间收藏有大量"魔镜"，19世纪90年代遂有研究论文发表，但其观点与郑复光的相差无几。

郑复光发表他的有关透光镜的专论之前三年，欧洲人才知道透光镜。1832年旅居印度的普林塞普（J. Prinsep）在加尔各答偶然见到一枚透光镜，便撰写了题为"论中国魔镜"的文章发表于《亚洲学会会志》上。流传到加尔各答的这枚镜很可能原产于中国，但作者却使用了更能吸引读者的日本名词"魔镜"。接着，英国物理学家布儒斯特（David Brewster，1781—1868年）对透光镜进行检验，认为其特性是密度差异引起的。他的观点和元代吾衍不谋而合。1844年，法国天文学家和光学家阿拉戈（D. F. J. Arago，1786—1853年）将一枚透光镜赠送给法国科学院，从而引出了一连串讨论文章。儒莲（Stanislas Julien）最早在文章中引述了周密与吾衍的有关文字，并认为，在磨制光滑镜面时其凸面曲率有微细差异。大多数物理学家同意他的说法。在讨论中，多数人认为镜子是铸造而成的，但个别人认为是压模而成的。此时，旅居日本的艾尔顿（W. E. Ayrton）和佩里（J. Perry）经过察访日本铸镜工匠，以实验证明透光镜是铸造而不是压成的。十年之后，这两个旅居日本的欧洲人又指出，在镜子铸成后以压磨法使其产生"透光"效果。尤为有趣的是，1877年，英国《自然》（Nature）周刊展开了关于透光镜机理的讨论。讨论中多数人认为，镜面凹凸现象是从镜背压击而成的。几乎同时，在意大利和法国的科学界也有人在进行透光镜实验，除了加高压的观点外，有一种意见与沈括几乎相同，主张是加热得到"透光"效果，并提醒天文学家在制造天文反射镜时要注意控制温度，以避免"透光"效应的发生。1932 年，曾因晶体结构研究于 1915 年获诺贝尔物理学奖的 W. H. 布喇格以"论中国的魔镜"为题，写了一篇总结性文章，从而结束了在西方长达百年的争论。后来，这个老布喇格（他的儿子称小布喇格，W. L. Bragg，父子一同获诺贝尔奖）又将其文章编入科普作品《光的世界》一书中。商务印书馆于 1947 年曾将该书翻译出版。老布喇格的主要论点是，铜镜铸成后要经过刮磨，在刮磨受压时，微向下凹，"镜子较薄部分，比起背后凸起的较厚部分，向下凹得多一些。因而对于刮磨器而言，就退让得后一些。这样，较薄部分多少避免了刮磨器作用，而在压力过去时它们又恢复原状，但是比镜面的平均地位却微微凸起一些"。从而，镜面形成了与镜背一致的凹凸状，"当光线从镜面被反射时，反射光的聚散与镜背花纹相应"。为了使人了解镜面及其反射情形，他列举了类似在他之前 100 年郑复光所做的水面比喻。

从湖南攸县出土的战国透光镜诞生之日起，到布喇格于 1932 年写出有关它机理的总结性文章，斗转星移，历史过了两千多年。为了了解它的机理，欧洲近代科学家从 1832 年到 1932 年亦整整忙碌了一个世纪。20 世纪 70 年代中期，日本和中国的学者又曾为推进该项目的研究而分别做了许多工作。这些，大概是古代镜匠们所始料未及的事。

八、雨虹与色散

在河南南阳汉代画像石中有一雨虹画像石（见图 2-25），将雨虹画成两头的龙（右龙头残），独角，目瞪口张，正在吸饮雨水。该画表现了自殷以来关于虹是雨龙的看法。

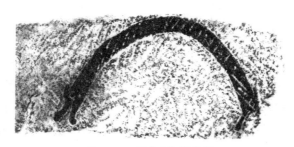

图 2-25　汉代雨虹画像石

　　美丽的彩虹自古以来就吸引了人们的注意。古代人称它为蝃蝀、虹霓或美人。甲骨文中的"虹"字，类似由双道弧线构成的彩虹，又类似弓身爬行的虫。殷人以为它是能饮水于河的雨龙，故"霓"字又作"蜺"，从"虫"旁，"霓"字部首又从雨。秦汉时代，人们将虹的出现看作是"阴阳不和，婚姻失序"的征兆[1]；又称其为"美人"，这是因为"阴阳不和，婚姻失序，淫风流行，男美于女，女美于男，恒相奔随于人之时，则此气盛。故以其盛时名之也"[2]。这些观点显然是由于彩虹的美引起的，与其说是关于虹的道德观点，倒不如说是某些古人心中扭曲了的爱情观。从颜色学和性别的观念出发，古代人还将虹解释为：

　　　　"雌曰虹，雄曰霓。旧说虹常双见，鲜盛者雄，其暗者雌也。一曰赤白色谓之虹，青白色谓之霓，故虹红也。"[3]

　　所谓虹霓，原是雌雄之意。雌为红色，雄为蓝色，这是传统的中国颜色观了。在图 2-25 中，弧形的虹是对称的。由于虹的出现与雨滴相关联，因

1　蔡邕：《月令章句》。
2　刘熙：《释名》卷一《释天》。
3　陆佃：《埤雅》卷二十《释天·虹》。

此，人们将虹想象为一种巨虫或龙在溪间吸饮清水。这种传统看法，当然要比画像石上的绘画要久远得多。迄唐末为止，一位很有科学见解的道教学者谭峭也在其《化书》中说："饮水雨日，所以化虹霓也。"宋代的伟大科学家沈括也不例外。他在《梦溪笔谈》卷二十一《异事》中说："世传虹能入溪涧饮水，信然。"甚至他在宋神宗熙宁年间（1068—1077 年）出使契丹，途中见虹，特地去观察其饮水实情。观察结果，除了指出虹的出现与人的观察方向有关外，还说"虹两头皆垂涧中"，似乎真在饮水。可见，将雨虹想象为虫或龙饮水于溪涧的传统看法何等牢固。

　　然而，对于虹的科学观察从西周起就开始了。《诗经·国风·鄘风·蝃蝀》写道：

　　　　蝃蝀在东，莫之敢指。……
　　　　朝隮于西，崇朝其雨。……

　　这意思是，太阳东升，光照于西，乃在西方见虹。此时，西边空中雨滴满布，故谓"崇朝其雨"。大概唐代之前，人们对虹的描述集中于其产生的物理条件。蔡邕《月令章句》说：

　　　　虹见有青赤之色。常依阴云，而昼见于日冲，无云不见，太阴也不
　　　　见。见辄与日相互率，以日西，见于东方。

　　这里所谓的"阴云""云"，是指雨云，即在部分天空中布满的微细雨滴。"太阴"指全天区的阴雨天。虹与太阳总是东西相对，若东方微雨，西方太阳，这时就容易见虹。《诗经》和《月令章句》叙述的正是这个物理条件。

太阳光是由各种不同波长的单色光组成的。当它射进云雨中时，受到密布的雨滴的散射和折射作用，它就分成各种色光。这就是通常所说的色散。唐宋时期，人们对虹的色散本质已有所认识。唐代孔颖达在《礼记·月令·季春之月》"虹始见"下疏解说：

> 若云薄漏日，日照雨滴则虹生。

与从前的"雨云"记述相比，"雨滴"之说，不仅观察细致多了，而且已接近关于虹产生的科学见解。在他之后，人们以喷水实验证明他的观点正确，从而也实现了人造虹。唐代张志和在其《玄真子·涛之灵》中写道：

> 雨色映日而为虹。
> 背日喷乎水，成虹霓之状，而不可直者，齐乎影也。

这是关于日光色散实验的最早记载。它证实了关于自然界虹的成因的说法，也破除了有关虹的种种误解。"不可直者，齐乎影也"一句，可能是指观察虹的位置与虹所在位置的相关性，也许是指虹本身的弧形特性。

宋代陆佃（1042—1102 年）在《埤雅·释天》中就虹的产生也提出了自己的见解。他说：

> 先儒以为云薄漏日，日照雨滴则虹生。今以水噀日，自侧视之则晕为虹蜺。然则，虹虽天地淫气，不晕于日不成矣。故今雨气成虹，朝阳射之则在西，夕阳射之则在东。

陆佃记述了"以水噀日"的造虹实验，而且明确指出了观察虹的方向、太阳与雨滴二者之间的相对位置。这些见解，在 13 世纪之前，也是最为先进的看法。而"背日喷乎水"或"以水噀日"的人造虹实验，在 13 世纪之前也是西方人所未闻见的事。13 世纪时，罗杰·培根（Roger Bacon，1214—1294 年）才提出类似上述唐代孔颖达的见解，认为虹是日照雨滴所致。

谈到色散现象，除了虹之外，还有如同图 1–52 中的白石英色散现象。我们在第一章最后一节中已述及白石英及其别的称谓，天然白石英具有极好的透光性能。太阳光透过水晶后分成各种颜色的现象，也称为水晶分光。因白石英晶体具有棱，它像三棱镜一样对日光有分光作用。寇宗奭《本草衍义》卷四《菩萨石》未曾指出菩萨石的形体特征，仅说明如下：

> 嘉州峨眉山出菩萨石，色莹白明澈，若太山狼牙石、上饶水精之类。日中照之，有五色，如佛顶圆光，因以名之。

但寇宗奭的同时代人杜绾在其著的《云林石谱》卷下《菩萨石》中明确指明菩萨石的形体特征：菩萨石"映日射之，有五色圆光。其质六棱，或大如枣栗，则光彩微茫；间有小如樱珠，则五色灿然可喜"。

这些记述表明，人们将石英称为"菩萨石"，正是因为它"日中照之"，便产生了色散现象。在这里，白石英的分光现象被描述得极为清楚。也可见人们早已用石英做了分光实验，只是他们未曾仔细地按照颜色顺序将色彩一一说出罢了。

在历代本草药学著作中还有许多有关记载，我们不一一列举了。

九、影戏

影戏，又称"皮影戏"。乾隆五年（1740年），金昆、陈枚等绘画《庆丰图》，其中即有皮影戏演出的场面（见图2-26）。画家不仅绘出了人人争看影戏的热闹情景，而且描绘了戏台上的情形：在一个以布或纸围成长方形的戏台内，一个人正在洁白的布幕前举起人物皮片表演，其旁一人或许正在演唱，台后一侧乐队在击鼓、打钹、吹号。人物皮片的影子落在白色布幕上。崇彝在其撰《道咸以来朝野杂记》中说："又有影戏一种，以纸糊大方窗为戏台，剧中人以皮片剪成，染以各色，以人举之舞。所唱分数种，有滦州调、涿州调及弋腔。"绘画与文字记载甚相吻合。这幅两百多年前的绘画不仅是音乐及戏曲艺术上的重要文物，也是难得的科学文物。

影戏在光学上可用以说明成影的知识和光的直进性质。它的起源，至迟可追溯到汉代初期。据载，汉武帝思念已故李夫人，方士少翁为其设法表演李夫人活动形态。《汉书·外戚传》和《史记·封禅书》对此事均有记载。《汉书·外戚传》写道：

图2-26　清乾隆五年金昆、陈枚等绘《庆丰图》（局部）

上思念李夫人不已，方士齐人少翁言能致其神。乃夜张灯烛，设帷帐，陈酒肉，而令上居他帐，遥望见好女如李夫人之貌，还幄坐而步。又不得就视。上愈益相思悲感，为作诗曰："是邪，非邪？立而望之，偏何姗姗其来迟！"令乐府诸音家弦歌之。上又自为作赋，以伤悼夫人……

《史记·封禅书》记载与上引稍有出入，但在记载中，二者都强调有光源（即"张灯烛"），有屏（即"设帷帐"），唯成影的物体未明载之，大概是方士保密的缘故。观者汉武帝坐在屏对面遥望，他看"李夫人""幄坐而步"，又令乐府配音乐，真可谓有声有色的影戏。

影戏中李夫人的形象是如何做成的呢？晋王嘉在其《拾遗记》卷五中曾考证说，以轻质色青之石，"刻之为人像，神悟不异真人"。武帝得此石，"即命工人依先图刻作夫人形。刻成，置轻纱幕里，宛若生时"。自然，这石像只能由雕塑家抓住李夫人容貌特征，刻出一个大概轮廓，因而只"宜远望，不可逼（近）也"。由此看来，少翁可以看作活动影戏的创始人。他理应得到汉武帝的嘉奖，被赐封为"文成将军，赏赐甚多，以客礼之"。

无独有偶，宋代孙光宪在《北梦琐言》卷八《李当尚书亡女魂》中讲述了一件唐代的事：在唐代，隐士陈休复曾为尚书李当召其爱女之亡魂，其方法与少翁同。李当夫人看完影戏后失声痛哭。此后，被人视为妖诞的陈休复受到人们的尊敬。

隋代，产生了一种称为"幻术"的影戏，即在镜面上画图，将其反射光投于墙上，因此，"见壁上尽为兽形"，迅速换一镜又转"人形"。[1]宋代人称此为"移景之法"："乃隐像于镜，设灯于旁，灯镜交辉，传影于纸。此术近

1　唐无名氏：《广古今五行记》。

多施之。"[1]

唐宋年间，影戏大发展。成影的人或物，起先不过是剪纸，其后"以素纸雕簇"而成，继而又发展为以羊皮雕刻形体，以彩色装饰；又发展为缝制皮革，使其四肢、头颈皆可活动。[2]屏幕上因而出现了栩栩如生的影子。后者就成为中国传统的、经久不衰的皮影戏。宋哲宗时，以此表演三国故事，边演边唱，深得青年男女喜爱，每当演至斩关羽时，还有人为之哭泣[3]，而"儿童喧呼，终夕不绝。此类不可遽数也"[4]。周密《武林旧事》卷六《诸色伎艺人》在追述南宋临安（今杭州）往事时，记载了专门从事影戏业的人或组织，著名的有 22 家。除男子之外，还有"女流王润卿"等也从业影戏。

诞生于中国的影戏，传遍东南亚各国。早在元代即传到波斯、埃及和土耳其。曾于 1767 年来华传教的法国居阿罗德神父（Father Du Holde）回国后在巴黎和马赛公开表演影戏。1776 年又传到英国。影戏成为世界性的科学文化和艺术财富。据说，德国文豪歌德酷爱影戏，他曾两次主持以德国民间故事为内容的影戏演出，为使影戏风靡欧洲而鼓动宣传。

十、眼罩和眼镜

在西汉中山靖王刘胜墓中发掘出一对青玉制眼罩，作圆角长方形，表面微鼓，缘周有三小孔，偏中一小孔，长 4 厘米，宽 3 厘米，厚 0.4 厘米，孔径 0.1～0.2 厘米。在陕西西安三里村一座东汉桓帝建和元年（147 年）的墓葬中也曾出土一对玉质椭圆形眼罩，罩底平滑，罩面正中有棱脊。据报

---

1 储泳：《祛疑说·移景法》。
2 吴自牧：《梦粱录》卷二十《百戏伎艺》。孟元老撰，邓之诚注：《东京梦华录》卷五《京瓦伎艺》。耐得翁：《都城纪胜·瓦舍众伎》。
3 张耒：《明道杂志》。
4 周密：《武林旧事》卷二《元夕》。

道，这些眼罩可能是明器，但更可能是墓主人生前用于保护眼睛的物品。

由此看来，中国人最早发明并使用眼罩。李约瑟博士曾指出：青藏高原的牧民以牦牛毛制眼罩，遮挡过强的阳光；蒙古族人利用角罩或骨罩；至迟6世纪，中国人用金属制眼罩，而法官们常佩戴茶晶眼罩，以掩盖他们在法庭上对争讼人的反应。从考古文物看，中国人早在汉代就使用了玉质眼罩。中山靖王刘胜卒于公元前113年，说明眼罩的使用至迟始于公元前2世纪。

眼镜是西方文明的产物，是最早传入中国的一种光学器具。中国国家博物馆所藏明人绘《南都繁会景物图卷》中有观看杂耍把戏的闹市场面，其中一位老者戴一副眼镜（见图2-27），坐在"兑换金珠"的金店门口。这副眼镜尚无挂于耳上的两条腿，亦没有用丝线联结、系于脑后，而仅仅是夹在鼻梁上的夹鼻镜。在江苏苏州吴中祥里村清代毕沅（1730—1797年）墓中出土了一副眼镜（见图2-28），其形状与《南都繁会景物图卷》中所绘类似，只是在两个装镜片的圆形框上附有供系结于脑后的绦带，眼镜架是一个黑漆木框，眼镜片是水晶镜片。毕沅的这副眼镜显然是我国自行制造的，因为当时西方的眼镜片都是玻璃制造的。

图2-27　明人绘《南都繁会景物图卷》（局部）

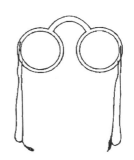

图2-28　毕沅墓出土的眼镜

图 2-29 欧洲早期眼镜

图 2-30 1380 年绘圣保罗像

据说，欧洲的眼镜是由意大利比萨城的一个玻璃工创制的，时在 1286 年之后不久。为了挣钱，他一直将他的制作方法秘而不宣。关于眼镜的最早文献，见于 1352 年特雷维索（Treviso）地方的一幅画像。早期的这种眼镜，就是将镜片装在可折叠的木框或金属框里，镜框可以开合。佩戴时夹在鼻子上；不用时，将其折叠，置于镜盒中（见图 2-29）。据说，作于 1380 年的圣保罗像中，保罗所戴的正是这种眼镜（见图 2-30）。《南都繁会景物图卷》所绘的也是这种眼镜。可见眼镜很快就传到了中国。早期的眼镜都是老花镜，也就是远视者用的凸透镜。到 16 世纪中叶，才有近视者用的近视眼镜，即凹透镜。

从文字记载看，眼镜传入中国是在 15 世纪初，当时称其为"僾逮"或"叆叇"。明代张宁在其所著《方洲杂录》中写道：

尝于指挥胡𪱛寓所，见其父宗伯公所得宣庙赐物，如钱大者二，其形色绝似云母石，类世之硝子，而质甚薄，以金相轮廓，而衍之为柄，纽制其末，合则为一，歧则为二，如市肆中等子匣。老人目昏，不辨细字，张此物于双目，字明大加倍。近者，又于孙景章参政所再见一具，试之复然。景章云：以良马易得于西域贾胡满剌，似闻其名为僾逮。

张宁为 1454 年进士。其记述的两副眼镜中，早者属胡籭之父。若胡籭与张宁年龄相差无几，则可推断，胡父当于 15 世纪初获此物。可为此推断作证的是，罗懋登在 16 世纪末著《三宝太监西洋记通俗演义》一书，其第五十回写道：永乐八年（1410 年），满刺加国王朝贡"叆叇十枚"。该书虽是章回小说，但它述及明代航海家郑和等人航海事迹，保存了许多现已失传的史料。因此，可以说，眼镜传入中国已有近 600 年的历史了。这条记载与《南都繁会景物图卷》的绘画相互印证，表明早期欧洲的眼镜曾通过海路或西北地区的陆路传入中国。

后来欧洲的眼镜发展为系绳式眼镜，如毕沅墓出土者。它大约于 16 世纪下半叶传入中国。明代田艺蘅（生活于 16、17 世纪之际）《留青日札摘抄·叆叇》载：

提学副使潮阳林公有二物，如大钱形，质薄而透明，如硝子石，如琉璃，色如云母。每看文章，目力昏倦，不辨细书，以此掩目，精神不散，笔画倍明。中用绫绢联之，缚于脑后。人皆不识，举以问余。余曰："此叆叇也。"

眼镜传入中国之初，中国人称它为"僾逮"，或写为同音词"叆叇"。这是眼镜的阿拉伯文或波斯文的音译，前者写为 alunwainat，后者写为 ainak。据张宁《方洲杂录》载，孙景章以良马易镜时，"似闻其名为僾逮"。

可见，当时来我国西北地区贸易的商人多为阿拉伯人或波斯人。由于古代有同音的"叆叇"一词，于是人们借用此词作为眼镜的书面语。"叆叇"原指云彩遮住太阳。《续一切经音义》卷三引《通俗文》说："云覆曰为叆叇也。"可见，"叆叇"之原意与眼镜毫不相干。当然，不必为古人借用此词而大惊小怪。因为，它只不过是眼镜一词的阿拉伯语或波斯语的音译罢了。日本在 18 世纪初，也将眼镜称为"叆叇"，成书于 1712 年的《倭汉三才图会》即如是写之。显然，这是从中国移用到日本的眼镜名称。但是，早在 15 世纪末，已有一些人将它称为"眼镜"。明代郎瑛在其著《七修类稿续稿》卷六中专有题为"眼镜"的一节文字。他写道："少闻贵人有眼镜。"郎瑛生于 1487 年，其少年听闻"眼镜"，当是 15 世纪末或 16 世纪初之事。迄今，早年的眼镜音译名称——"叆叇"，已不为人所知；甚至有人误以为中国早已有眼镜，因为早已有"叆叇"一词。而意译的"眼镜"一词却一直沿用至今日。

眼镜除了由郑和等航海家和海上商人从东南沿海的海路携入中国外，更主要的是从西北陆路传入中国。张宁所记孙景章的眼镜得自"西域贾胡满剌"。此外，郎瑛在记述眼镜时写道，他大约 60 岁（1546 年）时，霍子麒曾送他一副眼镜。霍子麒在答郎瑛"问所从来"时说："旧任甘肃，夷人贡至而得者。"这些夷人当与孙景章所云"西域贾胡"来自相同地区。

眼镜传入中国后，成为文人墨客作诗赋词的对象之一。《桃花扇》的作者孔尚任（1648—1718 年）在其 40 余岁时曾作五言诗《试眼镜》，其中几行写道：

西洋白玻璃，市自香山墺。制镜大如钱，秋水涵双窍。
蔽目目转明，能察毫末妙。暗窗细读书，犹如在年少。

乾隆五十六年（1791 年），朝廷以眼镜为题考翰林。这是中国历史上破天荒地以纯科技事物择才的事件。通晓西方科技知识的阮元、吴省兰二人双获甲等翰林。

早期传入中国的眼镜大多是老花镜。随着光学知识在明末清初的传入，中国人不久就学会了制造眼镜。毕沅墓出土的眼镜就是明证。江苏光学家孙云球（1630—1662 年）、薄珏（生活于 17 世纪上半叶）、黄履庄（1656 年生，卒年不详）等人都曾以制眼镜和光学器具谋生。18 世纪期间，一个新兴产业即眼镜制造业在中国出现，大的城市出现多家眼镜店，甚至出现了眼镜街。这又是前所未闻的事。北京的眼镜店"三山斋"建于乾隆初年；而乾隆末、嘉庆初，广州太平门外眼镜街的产品已行销全国。北京、上海、苏州、广州等地以制镜谋生者为数不少。鸦片战争前后，中国的眼镜在数量、质量（均为水晶镜片）和品种（除老花镜外，尚有近视、平光、平凸等镜）上都超过舶来品。眼镜随之逐渐普及。作为一个产业，眼镜在中国兴起之情形如同 21 世纪初的电脑和电子一条街。

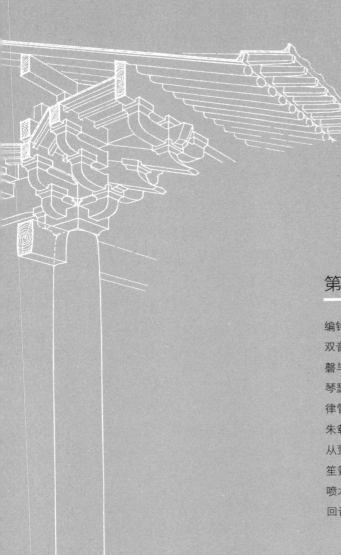

第三章　声学知识

编钟及其科学文化价值

双音钟及其物理原理

磬与板振动

琴瑟与弦振动

律管与管口校正

朱载堉与等程律

从贾湖骨笛谈起

笙簧

喷水鱼洗

回音壁与莺莺塔

一、编钟及其科学文化价值

在《考工记》记载编钟制造技术之前几千年，中国传统钟的形成、发展及其特点，都是由文物提供佐证资料。因此，谈及编钟的形制、发音特点等问题，不能不从考古发掘说起。

我们先说明本书所谓"钟"的含义。"钟"包括历史流传和今日人们仍在争论其称谓的"庸""钲"或"铙""镈""铃"，甚至于"缶"等一类用以演奏的陶瓷器皿。一般所说的钟或编钟，是悬挂式敲击发声的乐器，用于悬挂的钟柄有甬与钮之区别，故又有"甬钟"或"钮钟"之名。"庸"或"铙"是插植式敲击发声的，其钟柄中空，可以插立并固定于预先制备的木桩上。它与悬挂式钟的区别在于：前者钟口朝上，后者钟口朝下。"镈"是平于钟，即它的钟口呈平直；而一般的钟，其口呈弧形，故又称为"曲于钟"。"铃"实际上就是小型的钟。有些铃体内带有铃舌，摇动铃体时铃舌敲击钟壁发声，而一般的传统中国钟并无"舌"这一构件。包括"缶"在内，本书统称它们为"钟"，是因为从力学或声学上看来，它们都属于壳振动。

从考古发掘的大量钟遗物看，钟的发展是：先有陶土制造的铃或钟，后有青铜铸造的铃或钟；先有简单的铃，后有复杂的钟；先有单个的钟，后有编联成组并按一定乐律体系发音的编钟；先有一体单音的钟，后有一体双音的钟，后者亦称"双音钟"。中国钟的起源与发展经历了从简单到复杂的漫长历史过程；形成了与西方编钟、教堂寺庙钟不同的根本特点。

　　从考古发掘的实物看，我国的钟起源于公元前 2600—前 2000 年的龙山文化时期。在河南汤阴白营遗址出土了这个时期的陶铃，其横截面为椭圆形，铃的肩部是平的，铃顶有两个悬舌孔，铃体的外表上下各饰一周旋纹（见图 3–1 之①）。这个铃是后来中国编钟椭圆截面、舞部平面的肇始，其旋纹就发展为传统编钟的篆、枚乳等。

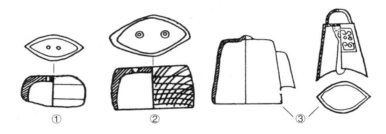

图 3–1　铃：①白营遗址陶铃；②陶寺遗址铜铃；③商铃

　　从山西襄汾陶寺遗址出土的一枚铜铃，是迄今所发现的最早的铜铃。在外形上，它与上述陶铃有相似之处，横截面内面近似椭圆，其外面近似菱形。肩部平整，带有两个钟舌（见图 3–1 之②）。据测定，这是公元前 25—前 21 世纪的文化遗存，属龙山文化晚期。商代铜铃遗物曾大量出土。除各种动物铃外，还有乐铃、玩具铃、军铃和装饰铃[1]。随着铜铃的大量铸造，作为乐器使用的铜钟应运而生。迄今所发现的铜钟多为殷商时期所铸造。今天的研究者或称其为"庸"或"铙"，大多是三件一组的编钟。如安阳殷墟出土，属殷墟三期前段，并在其口内铸有器主名"专"字的三件一组的编钟；

---

[1] 李纯一：《先秦音乐史》，人民音乐出版社，1994，页 47—48；也见其《中国上古出土乐器综论》，文物出版社，1996，页 89—93。李纯一先生这两本力作，曾收集大量音乐文物，列出详尽参考文献，使本篇写作得益匪浅。特此申明，不敢掠美。

或安阳大司空村 312 号殷墓出土的三件一组的编钟（见图 3-2），等等。尤其是在安阳小屯村殷墟妇好墓出土的五件一组的编钟，为武丁前后（约公元前 1250—前 1192 年）的遗物。在江西新干大洋洲商墓发掘出三件组编甬铙和一件铎，可准确地定为公元前 1160 年遗存，铙的每面有两个枚乳。迄今发现的商代铜钟，最大的一件达 109 千克，铸造精致。可以说，这时期的钟，无论是钟体、钟柄的结构，还是微曲的钟口，甚至是有花纹和明显的钲部与鼓部位置，都是基本定型的中国传统编钟的前身。它们都是具有一定音阶调式的旋律乐器。

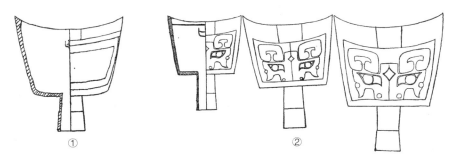

图 3-2　商代的钟：①"专"钟；②大司空村殷钟（三件组）

西周时期，铸造的技术大发展。1980 年陕西宝鸡竹园沟出土了三件一组的甬钟，横截面为近似椭圆（又称"合瓦形"），钟体上有枚乳 36 个，甬上有旋，钟口曲于，钟舞为椭圆平面，比例匀称，外形美观（见图 3-3）。这是西周初期康王（约公元前 1020—前 996 年在位）、昭王（约公元前 995—前 977 年在位）时期的遗物。它是我国铜制乐钟的完备形式。此后的乐钟，除了钟柄或是甬或是钮之外，其他的形制特点都与此一致。稍后的发展，只是成组编钟数量的增加和调音技术的进步。例如，陕西扶风齐家村出土"柞钟"39 件，该县庄白村出土"疢钟"14 件，均为西周穆王（约公

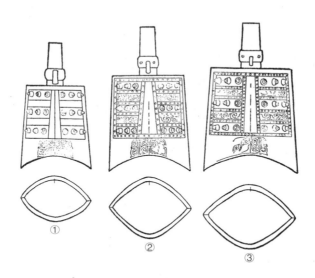

图 3-3　竹园沟西周早期的编钟

元前 976—前 922 年在位）、共王（约公元前 922—前 900 年在位）时期的遗物。在陕西扶风豹子沟出土的西周宣王（约公元前 827 —前 782 年在位）时期的"南宫乎钟"一件，钟铭上有"无射"铭文。可见此时，中国传统的十二律已经确立并被运用于编钟之中。

　　在乐律上尤有意义的，是在山西侯马上马村发现的春秋中叶鲁襄公（约公元前 572—前 542 年在位）时代九件一组的晋国钮钟（见图 3-4）。经对其测音，发现该编钟以基音 g^1（402.32 赫兹）为标准，成六声音阶，它的音阶系列中的前五个音，即 g^2、a^2、c^3、d^3、e^3，刚好是《管子·地员》记载的"徵、羽、宫、商、角"五声。由此可证，在管仲（约公元前 723—前 645 年）生活的年代，《管子·地员》所记载的有关乐律计算的三分损益法无疑为人们所知晓。比侯马编钟晚约 100 年，大型的曾侯乙编钟（见图 3-5）问世。该编钟为楚惠王五十六年（公元前 433 年）前所铸造，共 65 件，其上铭文共 2800 字，有律名 29 个，阶名和变化音名 37 个，实测音响

图 3-4　山西侯马编钟

图 3-5　曾侯乙编钟

与铭文均相符合。其音域从 A_1 至 C^4，达五个八度以上。在约占三个八度音程的中部音区，十二个半音俱全，可以旋宫转调。它以姑洗（C）为宫，可以演奏五声、六声或七声的乐曲。曾侯乙钟发掘自湖北随州擂鼓墩，它是钟类乐器的世界奇迹，也是春秋战国之际乐律学和声学高度发达的反映。

　　考古发掘的属于战国初期之前的钟类乐器数量之多真是举不胜举。然而，有关制钟的工艺最早见于春秋战国之际成书的《考工记·凫氏》，也就是大约在侯马编钟与曾侯乙编钟之间。《考工记·凫氏》记述了编钟各部位名称、比例规范和发声特性。就其声学特性，它写道：

　　　　薄厚之所震动，清浊之所由出，侈弇之所由兴。有说，钟已厚则
　　石，已薄则播，侈则柞，弇则郁，长甬则震。

　　　　钟大而短，则其声疾而短闻；钟小而长，则其声舒而远闻。

　　前一段引文意思是说：钟体发声的高低（清浊）是由它的振动状态（确
切地说是由振动频率，即单位时间内的振动数）决定的，而振动频率又与钟
壁的厚薄甚有关系。若钟壁太厚，则其发声如同击石（用现在的话说，太
厚的壁，振动频率接近或超过人耳阈，声音听不见，故曰如同击石），钟壁
太薄，则其声音播散（"已薄"则振幅大，故其声有播散之感）；钟口太大
（"侈"），则发声有喧哗之感，钟口太小（"弇"），则发声抑郁不出；钟甬太
长，不易系结牢固，钟体因敲击易振动，因而有振颤之声。后一段引文之意
是：大而短的钟，发声急促而短，也就是容易衰减，因而听闻时间短（"短
闻"）；小而长的钟，发声悠扬长久，不易衰减，因而听闻的时间长（"远
闻"）。这些记载，正确地反映了编钟不同形状结构与其音响和音感的关系。

　　类似地，在《周礼·春官·宗伯·典同》中记有 12 种不同形状的钟与
其音响效果的关系：

　　　　以为乐器，凡声，高声硍，正声缓，下声肆，陂声散，险声敛，达
　　声赢，微声韽，回声衍，侈声柞，弇声郁，薄声振，厚声石。

　　这意思是，以钟为乐器，大凡钟形与其发声状况有如下 12 种：
　　（1）高声硍：钟的上部口径太大，声音在钟里回旋不出。
　　（2）正声缓：钟的上下口径相同，声音缓慢地荡漾而出。
　　（3）下声肆：钟的下部口径太大，声音很快放出，无荡漾余音。
　　（4）陂声散：钟的一边往外偏斜，声音离散不正。

（5）险声敛：钟的一边往内偏斜，声音不外扬。

（6）达声赢：钟体大，声音洪亮。

（7）微声簫（通偠）：钟体小，声音发哑。

（8）回声衍：钟体圆，声音延展，延长音多。

其余 4 种，与前述《考工记》所描写的相同。

我们大致地画出这 12 种钟的图形（见图 3-6）。它们是古代乐工和铸钟工的尝试性、实验性的铸钟经验。正是根据这种经验，才使他们铸造出作为乐器的最佳形状的编钟。

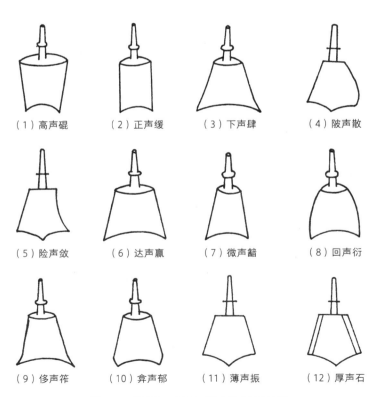

图 3-6 《周礼·典同》描述的 12 种钟形

　　将中国传统编钟与欧洲钟相比较（见图3-7），不难发现中国编钟在形状结构上的特点。中国编钟，俗称"扁针"。宋代沈括在《梦溪笔谈·补笔谈·乐律》中说："古乐钟皆扁如合瓦。""合瓦形"或近似椭圆形壳体是其最大特点，欧洲的编钟、教堂钟和梵钟的壳体是圆形的；中国编钟外表面有枚乳结构，欧洲钟的外表是光滑的；前者的钟肩（即"舞"）是一个近似椭圆的平面，后者钟肩是半圆球；前者钟口多为曲于，后者多为平于；前者的钟内壁是经过调音磨锉而形成的几道条形声弓，后者是整齐划一的声弓结构；前者悬挂牢固，从不晃动，后者着意让它摇晃。由于这种形状结构的区别，中国编钟与欧洲钟的发声全然不同。教堂钟、梵钟等凡是圆形钟，高次谐音难于衰减，且有长时间的嗡音和摇晃产生的哼音。根据实验研究，中国编钟因声辐射引起的振动衰变比圆形钟大得多，在敲击它之后，0.135秒时，

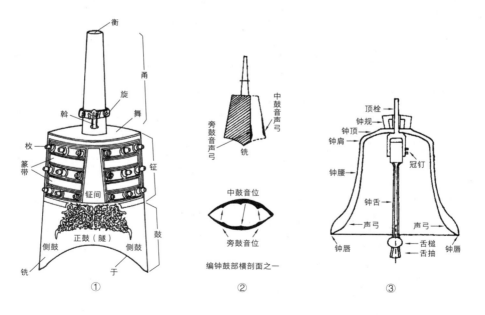

图 3-7　中国编钟和欧洲钟：①中国编钟；②中国编钟声弓结构；③欧洲钟

高次谐音大部分消失；0.5 秒时，只剩基音；1 秒时，基音也衰减大半。因编钟悬挂牢固，哼音基本不存在。只有较大的、钟壁较厚的钟才有明显的嗡音。正是由于在形状、结构和发声特性方面的区别，中国编钟才适宜音乐演奏，而欧洲的圆形编钟或教堂钟不能作为乐器使用。宋代沈括对此做了极好的总结，他在《梦溪笔谈·补笔谈·乐律》中说：

> 古乐钟皆扁如合瓦。盖钟圆则声长，扁则声短。声短则节，声长则曲。节短处皆相乱，不成音律。后人不知此意。悉为圆钟，急叩之多晃晃尔，清浊不复可辨。

这是对古代两种钟形及其音响效果的概括：圆形钟由于其发声长，衰减慢，在快速旋律中就产生声干扰，声音晃晃，清浊不可辨，因而不成音律；"扁如合瓦"、截面近似椭圆的钟，其发声短，衰减快，因此可以满足一定的节奏和中速旋律的要求。在沈括之后约 900 年，即 19 世纪下半叶，英国声学家瑞利勋爵（Lord Rayleigh）才对圆形钟做出类似的研究结论。而此时，对于合瓦形钟，他们尚一无所知。

关于中国编钟的声弓结构，《考工记·凫氏》也有论述：

> 为遂，六分其厚，以其一为之深，而圜之。

一些冶金史、文博与音乐史专家将此记载诠释为"隧音"，即中鼓音之所在；以为钟内壁磨锉凹处为"遂"或"隧"，凸处为"脊"或"音脊"。这似乎并不符合这段文字的原意。它是告诉人们磨锉钟内壁、造成"圜"形"遂"的方法和规范。结合考古实物看，这个"遂"就是今日物理声学中所谓的钟的"声弓"结构。欧洲圆钟的声弓结构是整齐划一的，而中国编钟的声弓结构呈现出多道的条形声弓。所谓"脊"的凸处是声弓，所谓"隧"的凹处也是声弓。从殷商到春秋时代，磨锉编钟声弓的技术是逐渐提高的：起初，条形声弓无规则、不对称，甚至出现较粗糙的沟壑；后来，条形声弓有规律，呈对称型。

从考古文物看，中国是制造钟和乐钟最早的国家。关于一般的钟，即并非专用于乐器的钟，也早见于某些地区或国家。亚述地区于公元前 600 年有小铃，在秘鲁、爱沙尼亚、缅甸和马来群岛等地也曾发现早期的矩形木钟，公元前后印度僧侣曾使用梵钟。但是直到 9 世纪，西方才有少量的圆形钟组成的编钟出现。图 3-8 是 14 世纪时欧洲人演奏编钟的绘画，其中的钟是一种有钟舌的、需要敲击的圆形钟。约在 11 世纪末 12 世纪初，在欧洲的一本有关艺术和工艺的著作中才有关于铸钟的文字记载。

中国编钟的价值，不仅在于它证明了中国最早创制了钟和钟类乐器，表

图 3-8　14 世纪欧洲的编钟演奏

明了古代中国人在冶金、铸造、音乐、乐器和声学等方面具有丰富的科学知识，还在于它为 20 世纪上半叶的人们解开了对于钟类乐器的困惑与忧虑。

大家知道，由于乐器和音乐艺术本身的发展，先秦时期曾高度发展的编钟在秦汉以后逐渐衰落了。相比之下，西方圆形编钟在进入近代之后，发展为以机械敲击；但是，圆形钟因有不可克服的声学缺陷，后来终被"排钟"所代替。所谓排钟，就是水暖管钟。将长短大小不同的一组金属管编联在一起，以在乐队演奏中增加金属所特有的音色。但是，这样的排钟非常笨重。发出现代钢琴中音区 C 音的一支排钟管的重量几近 23000 千克。发音频率越低，钟体越大、越重。因此，在 20 世纪上半叶，人们对钟类乐器提出了许多异议。20 世纪 40 年代，美籍德国音乐学家萨克斯（Curt Sachs，1881—1959 年）说："这些乐器是否有用，还是令人怀疑的。"法国音乐理论家维多尔（C. M. Widor，1844—1937 年）说："应该直爽地承认，它们实际上是不能实地使用的乐器。"国际上知名音乐家、乐师几乎都持此观点。物理学家又认为，排钟 C 音管的重量令人担心，因为不但其重量过大和本身铸造困难，而且这样的钟声会引起极强烈的空气振荡，乐队队员、听众的耳朵，甚至音乐厅的墙壁都未必能抵挡它的振动波灾难。曾侯乙编钟的出土可以为解开这些科学疑难提供一把钥匙。

曾侯乙编钟虽然总重量达 2500 千克，难以自由搬运，舞台承受压力太大，但它的全部重量也不足一根 C 音排钟管的 1/9；何况曾侯乙编钟总音域跨五个八度，只比现代钢琴的音域少其两端的各一个八度。再则，曾侯乙编钟下层第二组第二钟正好是中音 C 音，而该钟的重量为 119.3 千克，它是 C 音排钟管重量的 1/193。这样的钟，绝不会产生振动波灾难。甚至比它低八度的下层第一组第一钟，也只有 203.6 千克。由此可以断论，中国编钟是世界上所有钟类乐器中形状和结构最佳的钟。长期以来人们认为难以解决或不能解决的钟类乐器的种种疑难，恰恰要回到中国古代编钟中去寻找解决方法。

二、双音钟及其物理原理

在同一个钟壳的不同部位能够敲出高度不同的两个基音，这种钟就称为"双音钟"。这两个基音，一个在鼓部正中位置，称为"中鼓音"；一个在鼓部旁侧位置，称为"侧鼓音"（或"旁鼓音"）（见图3-7之②）。一个钟的两面，就有两个中鼓音位，四个侧鼓音位。但是，不同中鼓音位音高相同，不同的侧鼓音位音高也相同。而中鼓音与侧鼓音一般成大小三度谐和关系。

双音钟可能起源于公元前十三四世纪。根据对编钟的测音，人们认为商代晚期的编铙（镛或庸）多有双音，如，1976年安阳小屯妇好墓出土的五件一组编钟，1974年安阳殷墟西区墓葬出土的三件组编钟，等等。但是，早期双音钟的两个基音的音程大小不定，或成二度关系，侧鼓音位置也无任何标志。这说明，早期双音钟可能并非人们有意识地制造使然，很可能是"扁钟"形状及其曲于产生的结果。西周早期的双音钟，如湖南省博物馆收藏的西周早期的编钟、湖南耒阳出土的西周甬钟等，也大多如此。有意识铸造的真正的双音钟产生于公元前10世纪左右。

所谓有意识铸造的双音钟，是指在钟体的侧鼓音位铸有纹饰或文字标志，表示在此处敲击钟体可以发出另一个基音。湖北江陵江北农场曾出土甬钟两件。其中之一正鼓部饰简单云纹，右侧鼓部饰一单线鹿纹。它是西周穆王时期的遗物。1976年在陕西扶风庄白村一号西周青铜器窖藏中发现甬钟21件。据其上铭文载，它们是一个叫"疢"的人使用或铸造的，故又称其为"疢钟"。其中的一些钟右侧鼓饰小鸟纹或夔纹。中鼓音与侧鼓音成三度音程。这些双音钟的内壁成四道或六道对称条形声弓。1960年，扶风齐家村出土西周"中义"编钟8件，右侧鼓饰阴线鸟纹。1974年，陕西蓝田出土"应侯"钟，其右侧鼓饰阴线小鸟纹，正、侧鼓音音程为小三度。初步断定，这些钟为西周穆王、共王时期的遗物。其后，如西周厉王时期（公元前

877—前 842 年）的"士父钟"、宣王时期的"南宫乎"钟、山西曲沃曲村镇出土的晋侯（公元前 805—前 746 年）编钟、湖南湘潭洪家峭西周晚期墓葬出土的编钟、湖南临武出土春秋早期的编钟等，分别在侧鼓部饰凤鸟纹或夔纹（见图 3-9）。这些侧鼓纹饰是铸钟工或乐工着意铸刻的，是有意识地创制双音钟的证明。到公元前 433 年之前若干年，曾侯乙编钟的中鼓与侧鼓音位各有铭文一两个字，标明此二处发音的阶名。65 件曾侯乙钟，除一件铸钟外，有 42 件为小三度双音钟，22 件为大三度双音钟。

秦汉以后，由于铸钟技术和钟类乐器的衰落，人们遗忘了先秦人有关双音钟的伟大发明，也不知道祖先曾经有过双音钟。但是，宋代人曾经注意到

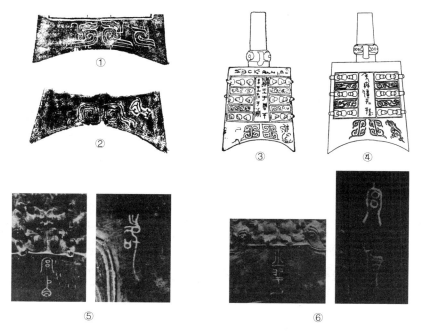

图 3-9 双音钟的右鼓标志：①中义钟鼓部纹饰；②江陵江北农场出土西周钟鼓部纹饰；③应侯钟；④山西曲沃晋侯钟；⑤曾侯乙编钟中层三组六号钟，其中鼓音铭"宫角"，其右鼓音铭"徵"；⑥曾侯乙编钟中层一组四号钟，其中鼓音铭"少羽"，其右鼓音铭"宫反"

先秦编钟中的一些侧鼓标记。薛尚功在其著《历代钟鼎彝器款识法帖》卷六内录有两件周代楚王酓章钟，其大者在中、侧鼓分别标明商、穆二音；小者在中、侧鼓分别标明少羽反、宫反二音。前者的中、侧鼓音程为大三度，后者为小三度。此外，宋代王黼撰《博古图》卷二十二、董逌撰《广川书跋》卷三，都曾描画了某些钟的侧鼓位小鸟纹饰。

　　或许由于时间太久远了，或许由于先秦典籍中未曾留下有关双音钟的发明和应用的记载，因此，当 1977 年，音乐家和乐律学家吕骥、黄翔鹏、王湘先生等组成的小组，到陕、甘、晋、豫等地进行音乐文物的测音调查，偶然敲击编钟的侧鼓而听到一个与正鼓音不同高度的乐音时，几乎不敢相信自己的耳朵。人人都感到十分惊讶又迷惑不解。好在他们是音乐家，若是训练有素的声学家，免不了会产生极大的迷惘。因为从 19 世纪英国瑞利勋爵的《声学》一书问世以来，一个钟壳发一个音，在物理学界已成了不证自明的公理。黄翔鹏先生于 1978 年在整理测音调查资料，撰写《新石器和青铜时代的已知音响资料与我国音阶发展史问题》之初，曾侯乙编钟尚未出土，因此，在研究先秦音乐学中产生了一系列疑难，存在着侧鼓音可否作为音阶的基音并用以判决古代音乐体系等问题，黄翔鹏先生以极其谨慎的态度写下了他的大作，并且不能不对侧鼓音做出篇幅甚多的诠释。曾侯乙编钟的出土，尤其是标有音级名称的侧鼓音与其实测音高相吻合一事，不仅证实了他们早先的发现，还证明中国古代有双音钟。接着，中国科学院声学研究所陈通、郑大瑞两位教授根据对古代编钟的声学测试，最早从物理学上揭示了编钟的声学特性及其双音奥秘。他们对编钟的形状结构与其发声关系、编钟发声的衰减情形与其作为乐器的关系、编钟的振动模式及其发双音的机理等问题，都做出了物理概念极为清晰的实验性解释。其后，又有不少人从不同角度对编钟的铸造、发音等问题做了研究。在此，值得指出的是，近三千年前古代人发明的双音钟，在今天对它进行研究探讨时几乎动用了最先进的实验室和最先进的仪器设备，才将它的物理机制一一揭示于众。

看看编钟的振动模式（见图 3–10），就知道它为何一钟而双音。

圆形钟，无论敲击其哪一点，其基频振动模式都是相同的四节线。或者说，由于圆形的对称性，其基频振动与敲击点无关。虽然中国编钟在形体结构上也具有对称的特点，振动模式是对称的，径向节线均为偶数，但是，形体上的"扁圆"对称，再加之磨锉调音，在其中鼓音位与侧鼓音位两个不同的敲击点上，振动模式与振动节线位置并不相同。如图 3–10 之①，虽然两个音的振动节线都是四条，但是，中鼓音的节线位置（点实线）恰好为侧鼓音的波腹，反之亦然。这就相当于中鼓音与侧鼓音的振动波相位相差 90°。用通俗的话说，这两个音的节线位置恰好错开了，敲击同一个钟壳的不同位置，不会发生"冤家路窄"的情况。在中鼓音位敲钟，这个位置为侧鼓音节线所在，侧鼓音不被激发；在侧鼓音位敲钟，这个位置为中鼓音节线所在，中鼓音不被激发。在钟壳的某音节线位置上不能激发该音。这就是形成一钟双音的物理机制。

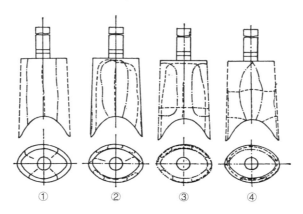

图 3–10　实验测绘的编钟振动节线图例：
点实线为中鼓音节线；虚线为侧鼓音节线；
①为两个基音的节线；②、③、④分别为两个音位的第一、二、三分音的节线

三、磬与板振动

迄今考古发现的最早的磬（见图 3-11 之①、②），是 1978—1980 年山西襄汾陶寺墓地出土的，属于龙山文化早期的遗物，为大约公元前 2500—前 2000 年之间制造的实用乐器。陶寺磬以天然黑色页岩打制而成，表面粗糙不平，厚薄不均，底边略平，悬孔有绳索磨痕。起平衡作用的"股"部较厚，用以敲击的"鼓"部较薄。1985 年还在襄汾大崮堆山南坡发现了当时制造磬的石坯。在青海海东市乐都区柳湾村也曾发现新石器时代打制的石磬，它是在齐家文化早期墓葬中出土的，大约为公元前 2000—前 1900 年的遗物。柳湾磬（见图 3-11 之③）呈钝角三角形，股部残缺，留下半个悬孔，下边和鼓上边部相当平整。残缺的股部形状有三种可能（见图 3-11 之④）；按照悬孔为重心的平衡原则，以第三种可能性为大[1]。

此外，在山西闻喜南宋村、河南禹县阎砦（禹县现为禹州市）等地也曾出土龙山文化晚期的石磬。夏、商时期的磬的遗物被考古学家发现的甚多。如河南偃师二里头夏代早期遗址的磬，山西夏县东下冯遗址属夏代的磬（见图 3-11 之⑤），等等。殷商时期，磬制作精细，板面平整，有些磬的板面上绘有精细图画。如河南安阳武官村一号大墓出土的虎纹石磬（见图 3-11 之⑥），其长 84 厘米，高 42 厘米，用大理石磨雕而成，厚薄均匀。而且，此时期的磬多为三件、五件一组，成为编磬。在安阳殷墟出土，今藏故宫博物院的三件组编磬，其上分别铭有"永启""夭余""永余"字样（见图 3-12），悬挂时其倾斜度约为 45°，发音清越，三件磬成徵、羽、宫或商、角、徵三声调式。如将这三磬分别沿其边线连以三角形，则其倨句约为 130°，上股边和上鼓边之比约为 2:3，从这钝角三角形中或许可以推测当时选石及制造磬坯的某些规范，实物的形状当是根据音高与音质的需要而磨

1　前两种可能性由李纯一先生所推测，见其著《中国上古出土乐器综论》，文物出版社，1996，页 33。

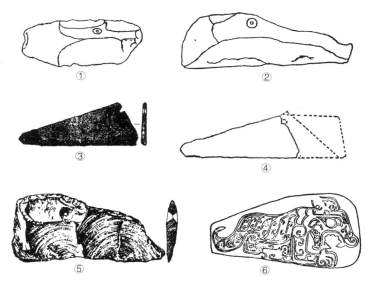

图 3-11　商代及其之前的磬

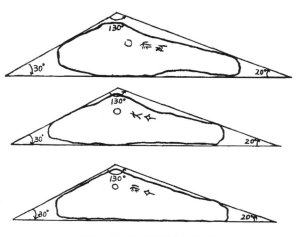

图 3-12　安阳殷墟刻铭编磬

锉调音的结果。

从西周到春秋战国，编磬的制作技术大有发展。它与编钟一起成为歌舞的必备乐器（见图 3-13）。编磬的数量也从三件、五件一组，发展到十几件、几十件一组。例如，在陕西扶风周原地区出土的西周晚期磬，虽有破碎，但经修复有 15 件，在河南淅川下寺春秋墓中发现属春秋晚期的楚国编磬 13 件，在湖北江陵发现战国时期楚国彩绘编磬（见图 3-14）有 25 件，其音域达三个八度。战国初，曾侯乙编磬（见图 3-15）多达 32 件，总音域达五个八度，其中间的三个八度音域包括了所有的半音。从磬的形制上看，西周编磬多为五边形：其底边平直，有别于春秋战国的编磬；股与鼓上

图 3-13　战国初期宴乐渔猎铜壶拓片

图 3-14　湖北江陵出土的楚国彩绘磬

图 3-15 曾侯乙编磬

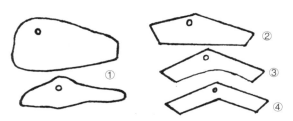

图 3-16 磬形的历史演变：①殷商及其之前；②西周时期；③春秋时期；④西汉以后

边平直，倨句多为 138° 左右，有别于殷商及其之前的磬。春秋战国时期的磬，鼓部细长，底边呈弧形。汉代以后的磬，底边已成折角的六边形（见图 3-16）。磬架，极少数为铜质（如曾侯乙磬的磬架），多数为木质。

磬的各部分名称如图 3-17 所示。《考工记·磬氏》记载：

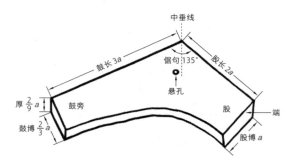

图 3–17　磬的各部分名称及《考工记》记载的比例示意图

　　磬氏为磬，倨句一矩有半。其博为一，股为二，鼓为三。三分其股博，去其一以为鼓博。三分其鼓博，以其一为之厚。已上，则摩其旁；已下，则摩其端。

　　设股博为 a，则磬的各部分长度为：股长 $2a$，鼓长 $3a$，鼓博 $\frac{2}{3}a$，磬板厚 $\frac{2}{9}a$。"倨句"为一个半"矩"，即 135°。春秋战国时期的磬，尤为悠扬悦耳。据近代实验分析，磬的形状和尺寸比例的选定，是要使磬声中各个分音成谐波关系，也就是要使它的各个振动模式的固有频率之间成等频率间隔。这是因为，各分音成谐波关系而组成的谐和音能使磬声好听，并且容易以耳测来确定其声高。古代人或磬师尚没有频率及波的概念，他们是凭主观音感来做到这一点的。

　　磬的悬孔并非在磬的重心位置，而是在其重心上方、中垂线偏旁。这是为了悬挂磬时，使靠近演奏者一边的鼓部略微翘起，以便敲击。磬的重心在悬孔之下，被悬挂的磬即使在演奏时也比较稳定。

　　《考工记·磬氏》记载的调音方法也是极为科学的。磬的基频 f_1 振动为

$$f_1 \propto t / (L_1 + L_2)^2$$

式中，t 表示磬板的厚度，L_1 和 L_2 分别表示鼓长和股长。这就是说，基频振动与板厚成正比，与鼓长和股长之和的平方成反比。因此，当磬发音太高（"已上"），就磨锉其"旁"（指磬板的板面），也就是使其厚度 t 减小。其结果，自然是 f_1 下降，音调就正常或符合设计要求了。当磬发音太低（"已下"），就磨锉其"端"（指磬板的两端），也就是使鼓长 L_1、股长 L_2 分别减小，磬声也就升高了。由此可见，古代人在实践中掌握了磬板的振动原理。《吕氏春秋·仲夏纪·古乐》载，帝尧时乐官夔"拊石击石"，"以致舞百兽"。敲击石磬，化装成各种动物的人群随即起舞。这个传说与上古石磬遗物相印证，也表明古代对磬板振动的认识与实践已有相当久远的历史了。

与板振动有关的古乐器非常丰富。属于自由板振动的，如编磬、锣、钹；属于周边固定或有几个支点的板振动的，如方响、云锣及广西少数民族使用的铜鼓，等等。从板的形状而言，有圆形（铜鼓、锣等）、方形（方响）和其他形状（磬）。

锣，是西方交响乐队中使用的唯一的中国乐器。在云南石寨山和广西贵港罗泊湾都曾分别出土汉代铜锣。编锣初见于西汉铜鼓鼓面的绘画之中。锣大约是随着传教士和探险队于 16、17 世纪由东方传播到欧洲的。至迟在 19 世纪初，法国乐队开始使用中国大铜锣，从而又引起欧洲人对中国锣的结构、成分、工艺过程等的一系列研究。对于大锣（中间圆板）、小锣（中央半圆球面）的发声频谱及声学特性等方面的研究，从 19 世纪末迄今未有间断。

在西南少数民族地区流布甚广的铜鼓，迄今所知，最早的为云南楚雄万家坝 23 号墓出土的春秋初期的制品。其鼓腔为青铜合金铸造，鼓面为青铜合金圆形板。令人惊讶的是，铜鼓鼓面的古代加工刮痕几乎与圆形板振动的纵、横节线类似（见图 3-18）。

图3-18　古代铜鼓的加工刮痕之一（①）与圆形板振动节线（②）

四、琴瑟与弦振动

迄今为止，考古发掘出的春秋战国时期的瑟至少有二十七件：李纯一《中国上古出土乐器综论》（1991年定稿、1996年版）载瑟约二十五件；后又在湖南慈利石板村战国墓中出土两件。这其中，时代较早的为湖北当阳曹家岗楚墓出土的春秋晚期的两件瑟，其中之一为漆瑟，长210厘米，宽38厘米，26弦，木枘（系弦柱）三个，瑟面穹形。在河南固始侯古堆春秋战国之际墓葬中出土了六件瑟，它们虽已破碎，却是一墓中出土瑟最多的例子。在湖北江陵天观星战国中期楚墓中也曾一次出土五件瑟。1978年曾侯乙墓出土瑟一件，瑟体完整，25弦，但弦已腐烂。直到在长沙马王堆西汉早期墓葬中才出土一件完整的瑟，瑟体与弦线均存（见图3-19）。

瑟是弹拨弦乐器，弹弦散音，一弦一音。张弦于瑟体箱板上，箱板之下为共鸣箱。从已出土的春秋战国瑟看，有2~4枘，19~26弦不等。长沙马王堆西汉瑟25弦，有效弦长为10.1厘米（短者）至93.9厘米（长者）；弦由四股素丝搓成，弦径大者为1.9毫米，小者为0.5毫米。

与瑟相比较，考古发掘的琴的数量相对少得多。《诗经》中多次记载琴瑟，如《诗经·小雅·鹿鸣》："我有嘉宾，鼓瑟鼓琴。"文物中也不乏战国

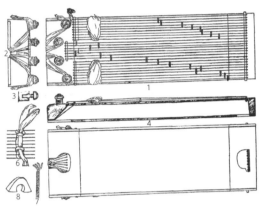

图 3-19 马王堆汉瑟

时期抚琴俑，但其琴的形制不明。迄今所见时代较早的琴为湖北随州出土的战国早期曾侯乙十弦琴（见图 3-20）。整个琴由琴体、尾和活动底板组成，长方形音箱（共鸣箱），琴面上排弦 10 根。全长 67.3 厘米，隐间（有效弦长）62.7 厘米。其次为长沙五里牌战国晚期楚墓出土的琴，其形制与曾侯乙十弦琴类似，只是弦线较长，共鸣箱较大。琴尾上翘，因而琴弦离琴面较高，弹按音成为可能。但因其腐朽残缺，导致弦数不明。1973 年长沙马王堆三号汉墓出土一件属西汉早期的七弦琴（见图 3-21），全长 62.3 厘米，由面板和底板组成，为木制，保存完整。由于所出土的上述三例琴与传统古琴（七弦琴）在形制上略有差别，因此，曾经有人怀疑上述三例琴是否为"琴"。李纯一先生正确地指出，它们是琴史上的早期形制，不必存有顾虑。

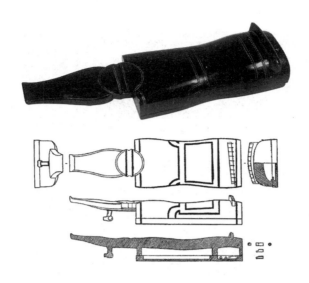

图 3-20　曾侯乙十弦琴

应当指出，汉代画像石和铜镜纹饰上的有关绘画（见图 3-22），表明它们在外形上基本相同。中国传统的古琴，或称七弦琴（见图 3-23），无疑是由上述三例琴发展而成的。

关于琴徽的最早记载见于汉代刘安（公元前 179—前 122 年）的《淮南子·修务训》："搏琴抚弦，参弹复徽。"魏晋时嵇康的《琴赋》指出"徽以钟山之玉"。可见琴徽在汉代已被发现和利用。传统古琴的形态及其额、颈、肩、腰、徽，由南京西善桥古墓出土的南朝竹林七贤画像砖中"嵇康弹琴"图、"荣启期弹琴"图（见图 3-24）可见一斑。一般地，绘画艺术要晚于实物的诞生，因此推断，传统古琴的完备时期当在汉晋之间。

本书不涉及琴瑟的音乐学问题，读者可参阅其他资料。我们要说的是琴瑟在中国声学史上的重要性。

琴瑟以及击弦乐器筑，作为先秦时期的弦乐器，为我国乐律学的诞生奠定了物质基础。中国古代的三分损益律和纯律都必须建立在弦乐器的基础之

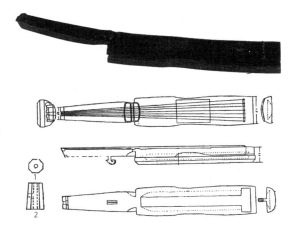

图 3-21　马王堆三号汉墓出土的七弦琴

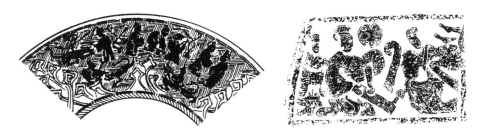

图 3-22　汉代弹琴绘画：①西汉早期铜镜上弹琴画；②山东沂水韩家庙汉代画像石

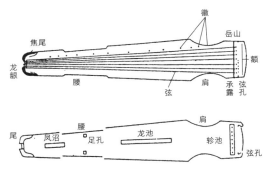

图 3-23　传统古琴（上为正面，下为底面）

图 3-24　嵇康弹琴和荣启期弹琴画像砖

上。对于钟、磬、箫、管等乐器，可以以耳齐其声而诞生某种律制，但就古代声学水平而言，由它们绝不可能从数学上建立某种律制的法则，即不可能诞生有关音高与振动体长度关系的准确的计算方法和计算公式，例如，三分损益法。这一点，长期以来被某些研究者的音乐史或乐律史著作弄混淆了。

关于三分损益法的详细文字记载最早见于《管子·地员》。它写道：

凡将起五音，凡首，先主一而三之，四开以合九九，以是生黄钟小素之首，以成宫。三分而益之以一，为百有八，为徵；不无有三分而去其乘，适足以是生商；有三分而复于其所，以是成羽；有三分去其乘，适足以是成角。

在这段引文中，所谓"小素"，即细小的绳索，古文"素"与"索"通 [1]。"小素"就是弦乐器中的弦线。整段引文的数学意义是：

---

[1]　其他的文字考证，以及第一句话的意义和数学表达法，参见戴念祖《中国声学史》，河北教育出版社，1994，页 161-163。

$$(1 \times 3)^4 = 9 \times 9 = 81 \quad\text{............................} \quad 宫$$

$$81 \times \frac{4}{3} = 108 \quad\text{............................} \quad 徵$$

$$108 \times \frac{2}{3} = 72 \quad\text{............................} \quad 商$$

$$72 \times \frac{4}{3} = 96 \quad\text{............................} \quad 羽$$

$$96 \times \frac{2}{3} = 64 \quad\text{............................} \quad 角$$

在这一串等式中，徵音弦线最长，声音最低，因此，音乐学上称它为以徵音为宫的五声音阶，也称为"五声徵调式"。这串等式简称为"三分损益法"，即在同样粗细、同样张力条件下，将弦线分为三等分，以去其一分（即乘以 2/3）或加上一分（即乘以 4/3）计算音高的方法。而在律管上绝不可能产生这样的等式、法则或规律。在琴、瑟、筑等弦乐器的制作、调音过程中，尤其是在移动瑟柱位置的过程中，人们由长期的音乐实践就必然会总结出这样的三分损益法。

然而，更有意义的是，曾侯乙墓中出土了一件所谓的"五弦琴"（见图 3-25）。经过严密考证，它就是失传几千年的所谓"均钟木"，音乐界称之为"定律器"，物理学上称之为"音高标准器"，也是最古老的声学仪器。已出土的 65 件曾侯乙钟发音都相当准确有序，先秦编钟的调音，都不能不归功于这种声学仪器的发明创造。

图 3-25 曾侯乙均钟木

据《国语·周语》记载，这种弦线式定律器在周景王二十三年（公元前 522 年）已被用于调音定律，并将它称为"均"（读 yūn）。周景王的乐官伶州鸠在答周景王问律时说：

> 律，所以立均出度也。古之神瞽考中声而量之以制。度律均钟，百官轨仪。纪之以三，平之以六，成于十二，天之道也。

三国吴时韦昭（204—273 年）注解"立均"的"均"字时写道：

> 均者，均钟木，长七尺，有弦系之，以均钟者，度钟大小清浊也。汉大予乐官有之。

"均钟木"，明方以智《物理小识》卷一《天类·乐节》也称为"均钟木"，《隋书·律历上》"律管围容黍"篇称其为"均钟器"。曾侯乙墓均钟木出土，方使我们窥见两千多年前声学仪器的面貌。它是木制的，全长 115 厘米；头宽 7 厘米，高 4 厘米；尾宽 5.5 厘米。头部一狭长形音箱，长 52 厘米。器面平直。头部有一弦柱，其底空槽中有五个弦孔。欧洲用于定律调音的弦线式音高标准器称为"一弦器"（monochord），是在毕达哥拉斯之后发明的，具体发明时间不详。均钟木上的五弦与欧洲一弦器上的一弦的区别，表明中西方的乐律制度及其计算方法来自不同的声学仪器。中国乐律西来说的论调是根本站不住脚的。

谈到琴，自然使人想到晋代顾恺之的绘画《斫琴图》，不过，流传至今的绘画据说是宋人摹本（见图 3-26）。它不仅以绘画形式描述了制作琴的工艺流程，更为重要的是，在绘画的右上角展现了古代人弦线听音实验的情景。凝神静听的实验者坐于一长方地毯上，右手正在拨动弦线，弦线系于类

图 3-26 宋人摹晋顾恺之《斫琴图》（局部）

似倒放的"长凳"的一个物件的两"腿"上；他的左前方地毯上还放着一个长方木盒。倒放的"长凳"可能是一件特制的弦座，其中一条"凳腿"或许可沿着"凳板"的滑槽移动，"凳板"上刻有长度尺寸，这样就可以随意改变弦线长度；"长凳"的两"腿"似乎设有挖空的共鸣箱，以便增大弦线振动的混响。地上的长木盒可能是弦线盒，其内装有各种不同密度以待实验的弦线。这一画面中的设备是否为古代典籍中所说的弦线式定律器或音高标准器"准"？无论如何，这是中外古代罕见的有关声学的绘画。

　　或者利用均钟木，或者如《斫琴图》中所示方法，人们可以获得三分损益法的规律，也可以发现弦线泛音位置及其弦长比例。古琴上的十三个徽位由此而得。这些徽位及弹奏泛音的方法，充分说明中国古代人掌握了弦线振动的规律。

　　两端固定的空弦振动（见图 3-27），除基音外，至少有五个自然泛音，它们是：

　　第二泛音，在弦长 1/2 位置；

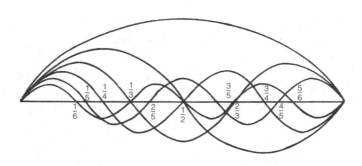

图 3-27 两端固定的空弦振动

第三泛音，在弦长 1/3、2/3 位置；

第四泛音，在弦长 1/4、3/4 位置；

第五泛音，在弦长 1/5、2/5、3/5、4/5 位置；

第六泛音，在弦长 1/6、5/6 位置。

若空弦基音为 g，那么，以上泛音中最简单的泛音列如下谱所示。

谱例：空弦振动的泛音列

　　六个泛音中，第二、三、四泛音是三分损益律的物理基础。第五泛音与基音的频率比有两种：5/4，5/3。它们分别称为纯律大三度和纯律大六度。第六泛音与基音的频率比为 6/5，称为纯律小三度。如果实验者弹动空弦发音，立即将手指虚按如图 3-27 中的第五或第六泛音的节点，从而删除了弦线的其他泛音振动，只剩下该泛音还能分段振动，这样就得到了所谓纯律或自然律的音。

古琴及其上的十三个徽位是古代人掌握并利用弦振动规律的证明，它的十三个徽位与空弦振动的各个泛音节点完全一致。十三个徽位在琴弦上的位置见表 3-1。

表 3-1　十三个徽位在琴弦上的位置

徽位	13	12	11	10	9	8	7	6	5	4	3	2	1
弦比长	$\frac{7}{8}$	$\frac{5}{6}$	$\frac{4}{5}$	$\frac{3}{4}$	$\frac{2}{3}$	$\frac{3}{5}$	$\frac{1}{2}$	$\frac{2}{5}$	$\frac{1}{3}$	$\frac{1}{4}$	$\frac{1}{5}$	$\frac{1}{6}$	$\frac{1}{8}$

其中，在五分弦处（弦长比为 1/5 或其倍数）的第 3、6、8、11 徽位，在六分弦处（弦长比为 1/6 和 5/6）的第 2、12 徽位，正是前述空弦振动的第五泛音和第六泛音。在其上弹奏泛音必然是纯律。在三分弦处的第 5、9 徽位，是三分损益律的位置。若是在六分弦处取按音，则成为三分损益律的高八度，或宫弦散音的第十二度。二分弦处、四分和八分弦处分别为空弦散音的高八度、二个八度和三个八度。可见，除五分弦处唯纯律所有外，其他各徽位为纯律、三分损益律所共有。在徽位之外的徽分上还可以取得三分损益律的其他各个音。因此，古琴是演示弦振动法则的最佳乐器，也是在世界音乐史上唯一同时使用三分损益律和纯律的弦乐器。

五、律管与管口校正

迄今，考古发现三个时期的律管，分别是属于战国、西汉初和新莽时期的文物。

在湖北江陵雨台山楚墓中出土的战国中期律管，为竹制，残损严重，共四支：两支残律，两支为残片。虽上有乐律铭文，但不能断定其是开口管

图 3-28　长沙马王堆西汉律管

还是闭口管。据报道，两支残律中，一支残长 10.9 厘米，内径约 0.6 厘米；另一支残长 13.3 厘米，内径约 0.7 厘米。

　　长沙马王堆一号汉墓出土了一套共十二支律管。这也是一套竹制律管，出土时装在绢制衣袋中（见图 3-28）。每一支管的下部都有墨书律名，均为两端开口的管，或称为开口管。十二支管的律名、长度与内径见表 3-2。

表 3-2　十二支管的律名、长度与内径

律名	黄钟	大吕	太簇	夹钟	姑洗	仲吕	蕤宾	林钟	夷则	南吕	无射	应钟
管长（厘米）	17.65	17.1	16.5	16.75	15.55	14.9	14	13.3	11.5	12.6	10.8	10.1
内径（厘米）	0.6	0.8	0.75	0.75	0.7	0.65	0.6	0.7	0.6	0.7	0.7	0.65

　　这十二支管中，太簇管略有破损，夹钟管下部有裂痕，其余十支均完好。它们的出土，让人们知道了两千年前作为定律器之一的律管的概貌，特别是可以断定律管是开口管。这是甚有科学价值的。

　　然而，细察这套律管，其长度与内径值杂乱无序。管长不遵从三分损益律，管内径也无任何管口校正之迹象。显然，这套律管是非实用的明器。

　　上海博物馆藏有新莽无射律管一支，青铜制，下端残，残长 7.76 厘米；

两端内径不等，平均为 5.77 厘米，其上刻铭"无射"及制造时间。由此推断其为公元 9 年新莽王朝制的法定音高标准器。有些研究者精心设计并复原了这套律管。然而，从物理观点看，仅靠一支有律名而无长度值的残管复原十二支律管，未免主观因素太多而令人忧虑。

　　这种管式音高标准器或定律器，与上述"均钟木"或汉代起称为"准"的弦式音高标准器，发声原理截然不同。前者为管内空气柱的振动，属于纵波；后者为弦线振动，属于横波（见图 3-29）。中国传统的三分损益法是建立在弦线振动基础之上的，故三分损益律只适用于弦律，不适用于管律。前述《国语·周语》中伶州鸠答周景王："律，所以立均出度也。"这里的"律"，正是指均钟木这样的弦线式音高标准器。所谓"律即管、管即律"是汉代人的观点。汉代蔡邕在其《月令章句》中定义："律，率也，声之管也。"汉代人崇尚律管曾一时风行，以至于近代一些音乐史家也误以为先秦三分损益律来自律管，或主张三分损益律适用于管律。有人正确提出，中国古代是"以弦定律，以管定音"之说，这正是把握了弦与管二者的不同振动

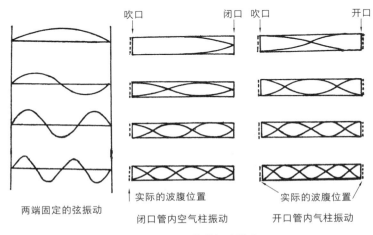

图 3-29　弦与管的振动模式

机制，使三分损益律建立在完全准确的弦式音高标准器上。由于弦线易受大气湿度、温度及其本身密度、张力、长度五个方面的影响，而管只受大气湿度、温度和其本身长度、内径四个方面的影响，且前两个因素对管内气柱影响甚小，故此，以一支发音准确的管定弦音是比较方便的。然后在弦线上依据该管调好的某一弦音再确定其他各律。如若将三分损益长度数值用来计量管，那么，除了第一支管在相对音高基础上可以看作是正确的之外，其余十一律的律管都是发音不准的。即使所有管内径完全相等，第十三支管按理应比第一支管高八度，而实际上它比第一支管的音程约略大七度。汉代乐律家京房说："竹声不可度调。"其道理就在于此。按照三分损益长度制作的一组律管，必须对它们一一做管口校正。

古代律管是中间无音孔、两端开口的管。这已被长沙马王堆一号汉墓出土的一组律管所证明，也被许多文献记载所证实。《吕氏春秋·仲夏纪·古乐》言及"昔黄帝令伶伦作为律"时，指出伶伦取竹"以生空窍厚均者，断两节间"。可见它是开口管。明代朱载堉在述及制作铜律管和吹管实验时，也曾特别指出："凡吹律者，慎勿掩其下端。掩其下端，则非本律声矣。"[1] 这也暗示律管是开口管。

对于开口管和闭口管，设管长为 L，管内径为 D，管内空气中声速为 v（在常温下，可取 $v=340\text{m/s}$），则开口管发音频率（f）为

$$f = \frac{v}{2(L + 0.612D)}$$

闭口管发音频率（f）为

$$f = \frac{v}{4(L + \frac{5}{3}D)}$$

1　朱载堉：《律吕精义·内篇》卷五《新旧律试验第七》。

上二等式中的分母，0.612D 和 5D/3 分别称为开口管和闭口管的管口校正数。如果开口管和闭口管的长度 L、内径 D 数值相同，那么开口管的基频约略比闭口管高八度。所谓"约略"，即在实际上要比闭口管高八度多一些。从图 3-29 的振动模式中也可以看出，闭口管只能产生基音上方的二、四、六等偶数泛音，缺乏一、三、五等奇数泛音。在音感上，泛音齐备往往能增加优美动听感。这或许是重视"和谐"的古代中国人取律管为开口管的原因吧。

管乐器内振动着的空气柱往往比管本身要长一些，人们将这种现象称为管乐器的末端效应，并且以空气柱振动时存在惯性来解释。从已发掘的上述三个时期的律管看，我们无法判断先秦时期的音乐家是否发现了末端效应，并能做管口校正。从文字记载看，虽然西晋孟康在注解《汉书·律历志》时曾提及不同内径的律管，晋代荀勖曾校正类似洞箫一样的复杂管乐器，等等，但是，真正发现管乐器末端效应并准确做出律管管口校正的人是明代朱载堉，以及受朱载堉影响的清代徐寿。朱载堉指出，倍半长度关系的同径开口管，其音程并非正好是八度，而是约略大七度；徐寿以实验证实，9 寸长的律管不与 4.5 寸长者成八度和谐，而是与 4 寸长的律管成八度和谐。当徐寿的论文于 1881 年 3 月 10 日发表于英国《自然》周刊时，西方正在探讨管口校正的物理学家和音乐家大为惊讶与赞佩！

六、朱载堉与等程律

朱载堉（见图 3-30）字伯勤，号句曲山人，是明朝开国皇帝朱元璋的九世孙，郑王朱厚烷之子。朱载堉于嘉靖十五年（1536 年）生于郑王封地怀庆府（今河南沁阳）。他在世界上最早创建了等程律的数学理论，是享誉世界的科学和艺术伟人。他的墓地（位于河南沁阳市郊九峰山下）已被列入

图 3-30　朱载堉像

我国国家重点文物保护单位，成为国际音乐界和科学界瞩目的圣地，不时有一些国际友人仰慕其名来此参观。

　　虽然朱载堉是王子，但他的一生却坎坷不平。嘉靖二十四年（1545年），朱载堉 10 岁，被册封为"世子"。15 岁时，其父朱厚烷因上书规谏喜好道教、奢侈至极的嘉靖帝，被诬告以叛逆之罪，并被削爵，禁锢于祖籍安徽凤阳。朱载堉因此也被剥夺了世子称号，成为庶民。他"痛父非罪见系，筑土室宫门外，席藁独处者十九年"（《明史·诸王列传》）。正是在这 19 年间，他布衣蔬食，发奋攻读，自称"狂生""山阳酒狂仙客"，创作了不少曲词，其中的一些恰切地反映了他当时的心态："神明本是正直做，岂受人间枉法赃"（《诵子令·讥谄神》），表现他对封建专制的抗议；在他被革除冠戴的庶民岁月，"亲骨肉深藏远躲，厚朋友绝交断义"（《黄莺儿·求人难》），体验到了世态的冷酷；"再休提无钱，再休提无权，一笔都勾断""种几亩薄田，栖茅屋半间，就是咱平生愿"（《朝天子·平生愿》），体现他对"权""钱"恶势力极为鄙视，对"清贫"、自由很是向往。他的这些曲词，有一部分被路工先生收入《明代歌曲选》中。朱载堉的一生除了文学创作外，还集中在对科学和艺术的探寻和研究之上，他撰写了大量的科学和艺术作品，成为今天人类的共同财富。

1566 年，嘉靖帝朱厚熜驾崩，穆宗朱载垕登基，朱载堉父子才得以平反。又过了 20 多年，朱载堉父亲去世。载堉当嗣郑王爵位。可是，他累疏恳辞达九次之多，执意要将郑王爵让给当年诬告其父的族叔家系。一个王子，如此高风亮节，令人肃然起敬！他一生之中，19 年受难，15 年让爵又因此被亲族所痛恨，20 年进行学术研究，10 年从事他自己著作的雕版印刷。

1560—1581 年的 20 多年间，朱载堉完成了涵盖科学和音乐艺术的大型综合性著作《乐律全书》，在科学和艺术两方面对人类做出了伟大贡献。他在世界上最早创建了十二等程律完整的数理理论；最早创制了运用等程律的弦乐器、管乐器，谱写了十二等程律乐曲；最早从理论和实践两方面发现了管乐器的末端效应，提出了管口校正方法和校正数；为了计算十二等程律，他在世界上最早提出求解由四项组成的等比数列的第二、三项的计算公式；最早用算盘进行开方计算。朱载堉创建的十二等程律正是现代钢琴所采用的调律方法。朱载堉是中国历史的光荣，是中华民族的骄傲，亦是近代科学诞生前夜在东方升起的一颗科学和艺术明星。

朱载堉称十二等程律为"新法密率"。"新法"是相对过去"三分损益法"而言的；"密率"是以 25 位数字表述的 $\sqrt[12]{2}$，即

1.059　463　094　359　295　264　561　825

请注意，朱载堉的绝大部分运算数据都是 25 位数，而今日袖珍电子计算器一般也只有十几位数。他的 25 位运算数据的准确性经得起今日高位计算器的检验。朱载堉首先定八度弦长之比值为 2，因此，$\sqrt[12]{2}$ 就是八度内十二律的弦长（或频率，取弦长的倒数）的公比数。有了这个公比数，就容易求出各律音高或弦长数值。朱载堉用文字语言形式将它总结为：相邻两律

的弦长比为 $\sqrt[12]{2}$。以今日数学式表述，即

$$\frac{T_n}{T_{n+1}} = \sqrt[12]{2}，或 \frac{T_n}{\sqrt[12]{2}} = T_{n+1}$$

因此，十二等程律就是以 $\sqrt[12]{2}$ 为公比数的等比数列。找到其公比数，问题就迎刃而解。

朱载堉又发现了求解十二等程律的另一种数学方法。在八度十三律中，黄钟（C）弦长为 2，清黄钟（C¹）弦长为 1。在这十三项的等比数列中，第七项蕤宾是其比例中项，第四项夹钟又是蕤宾与黄钟的比例中项。比例中项的数学解大家是知道的；关键在于第一至第四项（即黄钟至夹钟）这四项中，如何求解第二、三项（即大吕、太簇）。朱载堉找到了它的数学解。他是用语言文字叙述这个解法的，将他的语言变成今日数学式表述见表 3-3。

表 3-3　朱载堉解法的数学式表达方法

项序	1	2	3	4
律名	黄钟	大吕	太簇	夹钟
解法	A	$\sqrt[3]{BA^2}$	$\sqrt[3]{AB^2}$	B

A 和 B 是已知数，因此，其他两项可依表中公式求出。朱载堉是世界上最早解决类似数学问题的人。

现在看来，解等比数列是中学生所掌握的知识。但在 450 年前，它是世界上高精尖的科学问题。而且，当时尚未有"音程"概念。就动机而言，朱载堉一心要使旋宫转调成为可能，他并未想到要建立一个崭新的乐律制度。但是，旋宫转调的必然结果就是十二等程律。在这里，从思想观念到科学概念，乃至数学手段，朱载堉都必须逐一解决，方能建起一座科学艺术的新殿堂。今天一句话能说清的问题，在朱载堉的时代却要用百万字、十几本书才

能把它说清楚。因此，20 世纪 30 年代语言文字学家刘半农（刘复）曾说：四大发明传到欧洲后都经过人家的改进、提高，又传回中国；唯有朱载堉的"新法密率"是一做就做到登峰造极的地步，我们今天也只要照搬、照用他的计算结果就行了。

朱载堉对人类的贡献理应是中华民族的骄傲，但在封建专制时代并非如此。朱载堉的著作奉献给明朝廷后，被打入"冷宫"，搁置史馆，并未在社会上推广应用。100 多年后，他的著作及等程律又被清代康熙帝、乾隆帝罗列了"十大罪状"，被斥为"臆说"。在皇权的影响下，清代著名经学家、乐律家陈澧（1810—1882 年）分明知道等程律的优点，但他还说："古无等比列算法"，"古法（即三分损益法——引者注）诚不必改也"。在朱载堉公布其发明以后的 300 多年间，只有一个人是他的知音，就是清代著名乐律家江永（1681—1762 年）。江永一生致力于解决旋宫转调，但不得门径。他年近七十而第一次读到朱载堉著作时，"悚然惊，跃然喜"，"是以一见而屈服也"。江永是明清两代唯一一个赞赏和佩服朱载堉的人。朱载堉的经历真是中国历史上的一幕悲剧。

然而，朱载堉的学说传到欧洲后，却引起了轰动。直到几十年前，欧洲人还为等程律的优先权跟我们打笔墨官司呢！

在西方，最早建立等程律理论的有两个人。一个是荷兰数学家和工程师斯泰芬（Simon Stevin，1548—1620 年），比朱载堉小 16 岁；一个是法国科学家梅森（Marin Mersenne，1588—1648 年），比朱载堉小 56 岁。当时传教士来往中国，学术信件纷纷邮至欧洲，斯泰芬因闻中国加帆车而仿造之。因此，英国李约瑟博士经研究后断论：

平心而论，在过去的 300 年间，欧洲及近代音乐有可能曾受到中国的一篇数学杰作的有力影响……，第一个使等程律数学上公式化的荣誉应当归之于中国。

　　事实上，早在 19 世纪中叶，德国物理学家亥姆霍兹（H. von Helm-holtz，1821—1894 年）以及将他的著作《论音感》译成英文的译者埃利斯（A. J. Ellis，1814—1890 年）都曾经讲过，等程律是中国"这个有天才和技巧的国家发明的"，"发明人据说是一个王子"。

　　朱载堉的等程律学说传到欧洲之后，欧洲人发明的钢琴在 19 世纪初期开始用等程律调音，使得钢琴成了现代乐坛上的乐器之王。创建钢琴调音的等程律数学理论是一个民族智慧的体现。随着钢琴的日益普遍，亦随着近代中国国势逐渐衰落，大多数欧洲人从鸦片战争以来都不会相信等程律是中国人创建的。加之，斯泰芬的手稿未曾注明日期。因此，20 世纪 30 年代起，一些欧洲学者开始与中国学者争夺这项优先权。1975 年，一位自称"中国通"的美国学者撰写了长篇论文，将斯泰芬完稿时间定在 1585 年，也就是朱载堉为阐述等程律的重要著作《律学新说》作序之后一年；并在文中以极大篇幅说明朱载堉的等程律没有用解等比数列的公式，等等，最后他在文章结论中说，"要抹去在王子载堉等程律成就上虚幻的光环"，"至少应当让斯泰芬和朱载堉平均分享这份优先权"。

　　在这位美国学者的论文发表之后，中国学者通过多年研究，于 1986 年发表的研究成果中指出，在时间上，朱载堉是在 1567—1581 年间完成创建十二等程律的理论的，远早于斯泰芬；在数学上，如前所述，朱载堉的数学方法、结论和公式是完善的、无缺的。因此可以说，钢琴是欧洲人的伟大创造，而钢琴的灵魂，即它的调音数学理论，却是中国人用智慧铸成的。

　　这位美国学者毕竟是学者，而不是政治家。事后他自己承认，他虽然曾于 20 世纪 40 年代在上海某大学任教，但"汉字不识一百"，推论难免有误，显示了他的学者风范。这场争论巩固了朱载堉作为等程律创建者在世界科学史和音乐史上的地位。可以说，没有等程律的数学理论，就不会有今天的宏伟壮观的音乐艺术。

七、从贾湖骨笛谈起

近几十年来，考古学家在河南舞阳贾湖遗址发现了 40 多支骨笛，这对于了解古代科学、音乐都是非常重要的。尤其是，1987 年在该遗址发现的约公元前 6000 年前的一支完整无损的骨笛，对于解决东西方之间古代科学与音乐文化的传播问题起了重要作用。

贾湖骨笛（见图 3-31）是由丹顶鹤尺骨制成的类似竖吹管乐器。其一端为吹口，另一端开口，上有七个音孔。个别骨笛七个指孔位于一条垂直虚刻线和七条短横刻线的交点上，可见各个音孔制作前是经过估算的。其中一支骨笛的七个音孔直径约为 3.6 毫米，在第七孔旁还钻有一个直径约为 1.58 毫米的圆形小孔，这大概是因第七孔音偏低而采取的补救措施。对其中一支保存完整、无裂纹的骨笛进行测量，其全长和各音孔距吹口的距离，如图 3-31 所示；测音结果表明，该笛为筒音角音的清商六声音阶，其六声为角、

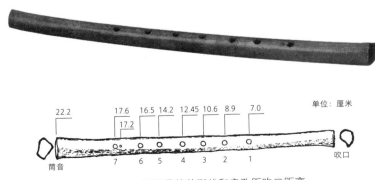

图 3-31　贾湖骨笛的形状和音孔距吹口距离

徵、羽、闰、宫、商，相当于今日的 mi、sol、la、^{b}si、do、re；或者是筒音宫音的下徵调七声音阶，其七声为宫、商、角、和、徵、羽、变宫，相当于今日的 do、re、mi、fa、sol、la、si。后者正是后来中国的传统音阶。在公元前 60 世纪，中国人已有七声音阶，这不能不令人惊叹！

据发掘报告所述，贾湖骨笛的主人是巫师。有两支骨笛置于墓主人右臂旁；同时出土的墓葬物还有成组的龟甲，它可能与原始宗教有关。作为巫师的骨笛，或是施巫术之法器，或是乐器，或二者兼而有之。从商代巫师的情形，可以推断其前几千年的巫的地位与活动能力。巫在商代是一种高级官员，行使神权，执掌巫法，参与军国大事，医治疾病，同时也是事神歌舞的主管人。可见，巫在商及其前的历史年代是医生、天文与音乐专家。他们具有超出常人的科学与音乐知识，因此能制造出具有六声或七声音阶的骨笛，就不足为怪了。

贾湖骨笛令人惊叹的原因之一，是它在学术理论上至少改变了东西方音乐艺术的文明进程。

从 19 世纪中叶以来，在学术理论上追寻事物的"定点起源"说一时成为风尚，"西方起源"说与"言必称希腊"几成定论。乐律学起源于毕达哥拉斯（Pythagoras，约公元前 580—约前 500 年）也似乎无争议。但是，20 世纪初，美国科学史家卡约里（F. Cajori，1859—1930 年）查证大量史料后指出，所谓毕氏发现谐和音程的数字比一事，"跟寓言和错误交织在一起，以至于难以恰当地确定毕氏所做的研究是什么"。1958 年，哈佛大学出版社出版了由科恩（M. R. Cohen）和德拉布金（I. E. Drabkin）编辑的《古希腊科学史料集》一书，对毕氏发现也提出了大量怀疑，并且指出："传说音调和弦长之间的数字比例是由毕氏发现的，……这个传说被涂上了神奇的色彩。"

毕氏本身受到怀疑，因此，中国古代乐律和音阶知识起源于古希腊毕

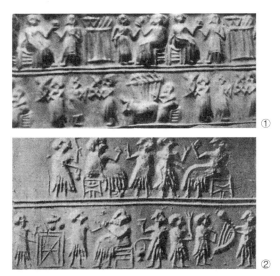

图 3-32 古巴比伦歌舞石雕图案：①为乌尔王陵出土，图下中部演奏里拉琴；
②为普阿比王后墓出土，图下右部为四弦弓形竖琴

氏之说不攻自破。更何况，近几十年的考古成果证明，中国古代乐律学和音
阶理论要早于毕氏、先进于毕氏。有鉴于此，英国科学史家李约瑟博士于
1960 年前后提出了另一种起源说。根据公元前 2700 年古巴比伦乌尔（Ur）
王陵和普阿比（Pu-abi）王后墓出土的里拉（Lyre）琴和四弦弓形竖琴石
雕（见图 3-32），他认为，古代乐律和音阶理论起源于巴比伦，它向西传播
到希腊，向东传播到中国。他说：

　　　　最简单的替代（古希腊起源的）假说，而且这个假说会有充分的理
　　由，那就是，从巴比伦朝东、西两个方向辐射出去。古代声学发现的精
　　华，一方面由希腊、另一方面由中国发扬光大。

虽然李约瑟博士曾一再申述自己的观点是"假说"，"因为巴比伦的音乐

我们知道得很少"，但他的学术探讨在其著作于 1962 年出版之后，就逐渐被国际学术界所承认，到 20 世纪 80 年代止，似乎又成为一种教条。

贾湖骨笛比古巴比伦石雕早 3000 多年，它的乐律、音程关系和音阶是实实在在地重现于人们耳际，而由古巴比伦石雕推测的有关知识毕竟是推测而已。从这一事实出发，称中国乐律起源于古巴比伦，显然是不能令人信服的。自然，或许有人会据此提出，乐律知识和音阶理论起源于中国，而后传入古巴比伦，再传到古希腊——这也缺乏充足的传播证据和人文背景。中国、西亚和地中海的古代文明中心，不但相距遥远，而且隔着大片高寒、高山和沙漠地带，加之当时世界的科学技术水平落后，尤其是地理知识和交通工具贫乏，使得这几种文明无法建立任何直接的联系，也无法克服路上的种种艰险与障碍，因此，古代的乐律知识、音阶理论在东西方是各自独立发现的。这种观点似乎更为恰当些。

应当承认，无论是古代中国人、古希腊人还是古巴比伦人，也无论是黄种人、白种人还是黑人，人类都具有共同的生理机制，他们的耳朵构造及其功能都是相同的。正是基于这一事实，人类共同的耳朵使得东西方人各自独立地做出了发现。成倍半长度关系的弦线产生八度，成 2/3 长度关系的弦线产生五度，这个事实肯定引起了古代音乐家的极大注意，并促其进而探讨其他音程的弦长比。中国的三分损益法和西方的五度相生法都是以 2/3 作为弦长比数而确定音阶理论的基础。这只能表明，人类的耳朵不分彼此，除有缺陷、疾病和失聪之外，都对音乐世界有一个最灵敏的感觉点，即五度，而且都感觉五度悦耳舒服。或许，这就是人——作为一种高等动物——的本能。仅仅依据史料或个别实物的先后而断论起源与传播方向，实乃机械论的研究方法。贾湖骨笛不但证明了中国音乐文化源远流长，而且对于那种习惯于"定点起源论"的研究方式和思维路线起到了有力的警示作用。

八、笙簧

　　1984 年湖北当阳曹家岗春秋晚期楚墓中出土残笙斗两件，笙斗由匏制成，匏面上有插管用斗眼。笙斗较大。这是迄今考古发掘最早的笙。

　　在随州曾侯乙墓出土匏笙六件，有十二管、十四管和十八管三种。虽都残损散乱，但还可看出，笙管为通节竹管，管口平齐，管上端开有三角形或长方形气孔；管中、下端有圆形或方形音孔；管底端有长方形簧槽，以便在其上装簧片。簧片竹制，长方形，装于四边高厚的方框之中。该方框中央平面处挖一空槽，簧片一端固定于空槽的一端，空槽的其余三边与簧片间有发丝般粗细的缝隙，簧片可以自由振动（见图 3-33）。残存十簧中最大者，框长 3.5 厘米、宽 0.62 厘米、边厚 0.13 厘米，其上簧舌长 2.55 厘米、宽 0.22 厘米、厚 0.06 厘米；最小者，框长 1.52 厘米、宽 0.5 厘米、边厚 0.1 厘米，

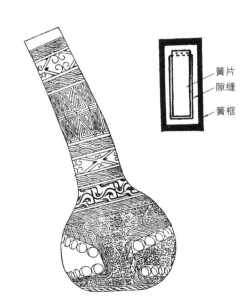

簧片
隙缝
簧框

图 3-33　曾侯乙匏笙及簧片（战国）

舌长 1.2 厘米、宽 0.4 厘米、厚 0.04 厘米。许多簧片的一端残存有调音点
笙用白色物质。

　　在湖北江陵天观星一号楚墓出土残笙六件。其中，笙嘴非由自然匏柄
制成，而是加工制作的木嘴。在长沙浏城桥和江陵雨台山楚墓出土的明器笙
中，也有类似的木制笙嘴。

　　长沙马王堆一号汉墓出土明器竽，二十二管，竽嘴为圆形独木制成。这
是保存良好的汉初遗物。在该地三号汉墓还出土了二十六管实用的残竽和簧
片，簧片的形制结构与曾侯乙笙相同，其上有白色小珠，大概也是点簧的蜡
质混合物。也有报道说，在三号汉墓出土金属簧片 23 枚，这一发现使人类
用金属簧片的时间大大提前，但此报道尚需进一步证实。

　　笙竽在我国西南地区也曾多次出土，其年代在春秋晚期至汉期间。在我
国东部、东南部地区还出土了有关演奏笙竽的绘画（见图 3-34）。

图 3-34　汉代吹笙画像石（山东沂南北寨东汉墓出土）

值得注意的是，当阳曹家岗笙、曾侯乙笙都已经是制作完备的乐器，其前必有一段很长的历史，当可指望更早期的笙竽乐器出土。殷商甲骨文中的"龢"字写为

竹 竹 竹 竹 竹

意为编连在一起的吹管。"龢"即"和"，表明它是可以演奏和声的复音乐器，它可能是笙的前身。《诗·小雅·鹿鸣》中有"吹笙鼓簧"句，表明西周民间已有笙，笙管内装有簧。

笙、竽之别仅是大小和管的长短、多少之别而已，其发声原理完全相同。它们都是具有自由簧，能演奏复音的吹管乐器。笙斗，即笙的风腔，常以匏、葫芦制成，故称匏笙、匏竹，在少数民族地区称为葫芦笙或芦笙。在云南江川李家山古墓群、云南晋宁石寨山古墓群中部曾出土春秋晚期至战国的青铜制笙斗。制作笙竽乐器，如此之早地运用了金属，不能不令人惊讶。但它们是否实用于乐器，尚有待考证。

笙竽的结构如图 3-35 所示。风腔以匏瓜制成，笙嘴即吹气口，类似风琴的鼓风管。笙管插植于笙斗上，管内侧开长方形出气孔，外侧开圆形音孔。管的长短仅为对称美所设置，故又称其为"凤翼"，实际发音的高低与其长短无关，而与管上音孔位置和簧片相关。笙管虽有多至几十支者，但其中有许多同音管或和声管，按孔吹笙，每两三管相和成声，成八度或五度相和。因此，笙竽是复音乐器。西方人称它为口吹管风琴（mouth organ）。

由于簧片的厚度远小于其长度，故簧片的振动实质上是一端固定、一端自由的棒的弯曲振动。其振动频率为

$$f_1 = 1.426 \frac{\pi c_r \kappa}{8L^2} \; ; \; f_2 = 6.267 f_1 \; ; \; f_3 = 17.55 f_1 \; ; \; \cdots\cdots$$

f_1 为其基频，f_2、f_3 对应于二、三次谐波。由公式可见，簧片的振动基频与其长度 L^2 成反比，与波速 c_r 和棒的回转半径 κ 成正比。当簧片确定并装置

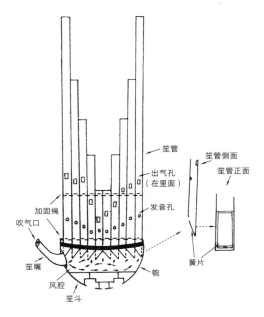

图 3-35　笙竽结构示意图

于管上时，L 与 c_r 是固定的；古代人在簧片上点蜡或锡，就在于改变其回转半径 κ 的数值，从而调整簧片的振动频率或音调[1]。曾侯乙笙和马王堆三号汉墓笙，其簧上遗留有白色物质，这表明，古代人在实践中早已掌握了点笙技术，以此改变笙簧的回转半径以控制其振动频率，虽然他们在理论上尚未清楚其中的物理原理。

　　这里要特别指出古代人装簧片的方法。簧片一端固定于管上，另一端是自由的。簧片总是小于管端斜面。这样，当气流冲击簧片时，簧片在管上可做自由往复振动。曾侯乙笙的簧片装镶于簧框上，如图 3-32 所示，其间留

1　在何处点蜡以调整簧片振动频率的细节及原理，见戴念祖《中国声学史》，河北教育出版社，1994，页390—391。

有发丝般大小的空隙，正是为了簧能自由振动。由此可见，中国的自由簧至少有 2500 年的历史了。可以说，自由簧是中国簧管乐器的传统。

当中国的自由簧随着笙传到欧洲时，欧洲音乐家大为惊讶！它为欧洲人改进他们的簧管乐器起了重要作用。

中国笙在历史上可能多次传入西亚、欧洲各地。汉武帝在公元前 138 年派张骞（？—前 114 年）通西域，公元前 133 年开始西征；盛唐时期的中西使节往来与文化交流；13 世纪蒙古军铁骑扫过欧洲……在这些历史大事件中，笙都可能传入欧洲。我们现在确切知道的传播事实是 18 世纪的事了。

18 世纪期间，中国笙被西方传教士和商人多次带回他们的国土，成为受西方欢迎的中国管风琴。来华法国传教士钱德明（J. M. Amiot，1718—1793 年）于 1777 年回国述职，曾将中国笙带回欧洲，这是其中一例。笙对西方音乐家、乐器制造家改进他们的簧片起了促进作用，从而也为他们创制或改进风琴、口琴、手风琴等新的簧乐器做出了贡献。在欧洲，传统的装簧方法是，簧片总是大于管端斜面或气流进入管内的管孔。因此，簧片的振动不是自由往复式，而是在管的一侧拍击着管壁。欧洲的传统簧就称为拍击簧或死簧。相应地，中国的自由簧就称为活簧。用物理学语言说，死簧的振动只有半波，另一半被管壁削去了。由此可以想到，欧洲簧管乐器的声音之不悦了。

美籍德国音乐学家萨克斯在他的《乐器史》中写道：

在 18 世纪时，笙不止一次被带到西方。闻名的敲击琴（nail violin）发明人、音乐家维尔德（Johann Wilde，18 世纪中期侨居圣彼得堡的某国音乐家——引者注）在圣彼得堡买了一具笙，并且学习演奏这种具有魅力的中国风琴。来自哥本哈根的物理学家克拉岑斯坦（Kratzenstein）听过他的演奏，考察了其中的自由簧，并且向圣彼得堡的管风琴制造家基尔希尼克（Kirsehnik）建议，在他制造管风琴中采用自由簧。可是，基尔希尼克除了制造一具管式钢琴外，没有制造任何具有自由簧的管风琴。第一个具有自由簧片的管风琴是由（德国）达姆施塔特的福格勒（A. G. Joseph Vogler，1749—1814 年，知名的作曲家、风琴家、音乐理论家）制造的。从 1800 年起，人们就制造了诸如口琴、手风琴、簧风琴一类大量的簧乐器。

《简明不列颠百科全书》多处提到笙对欧洲簧乐器的影响："最早的簧风琴类管乐器是 1818 年维也纳的黑克尔（A. Haeckl）受中国笙的启发而创造的。18 世纪 70 年代笙被带到俄国，从而把活簧传到欧洲，引起某些物理学家和音乐家的兴趣"；"中国笙于 18 世纪传入欧洲，为口琴提供了活簧口吹乐器的原理"。在英文本《不列颠百科全书》的"簧风琴"条、"口琴"条有更详细的叙述。《新格罗夫音乐与音乐家辞典》的"手风琴"条，以及欧美出版的音乐辞典都有相关的记述。

英国李约瑟博士说：

　　笙是口琴或自由簧一类（簧风琴、六角手风琴、手风琴等）乐器的祖先，并且有具体的证据表明，它是在 18 世纪经由俄罗斯传播到欧洲的。

早在 19 世纪中期，英国皇家学会会员、物理学家廷德尔（John Tyndall，1820—1893 年）在其《声学》一书中就西方簧管及装簧方法做了如下总结：

　　旧法之簧，大于板孔，故动时每次击孔边而生音浊，继而加软皮于孔边以受簧击，生音稍清；近时作板孔稍大于簧，使动时不相击，则所生之音甚佳矣。

廷德尔所谓"旧法"，就是欧洲传统的拍击簧或死簧。加软皮改进的方法大概是 17 世纪的事。所谓"近时"，也就是 18 世纪，是时中国笙传入欧洲，欧洲人据以对簧乐器做了改革。迄廷德尔写《声学》一书止，欧洲人使用自由簧的时间不足百年。

2500 年前的曾侯乙的在天之灵，若闻得此事，将有何种感慨呢？

九、喷水鱼洗

喷水鱼洗是古代一种特制的铜盆，盆边有对称的两耳，盆内底铸刻鱼纹或龙纹，前者称鱼洗（见图 3-36），后者称龙洗。注水于洗内，以双手摩擦洗的两耳，水柱喷射高达 50～60 厘米，水面出现驻波（见图 3-37）。

笔者多年前曾做过有关调研。杭州的浙江省博物馆藏一明代鱼洗，内底刻四条鱼纹；重庆博物馆（重庆中国三峡博物馆）藏有类似的明代鱼洗。旅顺博物馆藏有一具龙洗，洗底刻有两只龙，其时代可能比前二者略早些。故宫博物院藏有一具清代鱼洗，比前述鱼洗、龙洗都小些，但其双耳制作独特：耳的水平部分铸成一条龙，龙头、龙尾超过耳的垂直柱位置。这显然是皇家的娱乐用具。较长的龙形双耳更便于摩擦激发盆的振动。大概是在宫廷内经常被用来娱乐，因此洗壁已振裂。从振裂的部位看，该洗的四周铜体极薄，这便于加大洗振动幅度，激起更多的水珠。

近几十年，在各地博物馆、科技馆等公共场所，甚至于市场上常见鱼洗，但大多是近年的仿制品，切不可与文物相混淆。

1923 年，在北京城南游艺园曾展出一个喷水鱼洗，每观玩一次，交铜

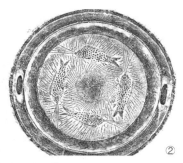

图 3-36　鱼洗（①）和洗底鱼纹拓片（②）

图 3-37　鱼洗喷水表演

元十枚。这次展览还贴出了一张颇具文采的广告，对喷水鱼洗的描述非常逼真。我们不妨引述如下：

　　盖闻鼎可铸奸，盛传禹代；镜可照胆，艳说秦宫；双鱼称汉瓦之奇，五鹿考晋砖之字；舞丰城之剑，龙气冲霄；燃温峤之犀，妖魔敛迹。此皆著名之宝，希世之珍，古人所争夸，今人所罕见者也。乃有古盆者，铜质烂斑，篆文残缺，中有四鲤，鳞尾俱全，外附两弦，手痕未灭。试盛于水，徐按其弦，其盆也则铿尔有声，其鱼也则跃然欲活。移而珠光四溅，俨如瀑布之形；电气迸流，大有飞泉之妙。是盆也，得自南阳，传由汉代。如此寿世之品，勿徒韫椟之藏，列广场，用公同好。赏奇之彦，应一试而咸惊；博古者流，曷先睹以为快。[1]

有意思的是，抄录这张广告的张寿康继续写道：

余偕友人三五参观。其器围三尺，径尺余，高五寸，外廓广二寸余，状若今之面盆；而廓内内弦耸起，又如火盆提拟形。色黟黑。虎铸四鱼隆起，鳞尾毕肖；虎外似有铭文，（因）磨灭，一字莫辨。器中盛水，壮丁以两手掌摩擦两弦。初则铿然而作声，水起波澜；继则器边水向上喷激；摩擦愈速，喷愈烈，声愈响；至高尺余，则声达户外矣。观者奇之，莫穷其术，询之物主，云："尝仿造之，终不活敏。"并云："历南北都市，经赏鉴家不知凡几，皆不能澈其究竟，洵至宝也。"……[2]

这篇写于 20 世纪初期的有关喷水鱼洗的文献，清楚地叙述了鱼洗的形状、结构和振动起波浪的情形。在这里，值得注意的是，它将鱼洗的"双耳"称为"两弦"，或许因为"两弦"的主要功用不在于提系，而在于它与两手摩擦。关于鱼洗的起源，迄今许多人持"汉代说"。它究竟起源于何时呢？

先秦时期，洗是一种极普通的用具。秦汉时期，有木制、陶制、铜制或铁制的洗，用以洗手、洗脸、洗衣物。在封建礼仪制度中，按主人的身份等级，洗的大小、质地各有区别。然而，迄今未有实物或确凿文字记载表明秦汉或秦汉以前人们已发明了喷水鱼洗，或发现了洗的喷水现象。值得注意的是，已发现的大量"汉洗"或"周洗"，包括《博古图》和《西清古鉴》等

---

1 张寿康：《击缶庐日札》卷二（稿本，藏中国科学院图书馆）。
2 张寿康：《击缶庐日札》卷二（稿本，藏中国科学院图书馆）。

典籍的著录，其边缘都没有供摩擦的双耳部件。有的双耳在洗的腰部，这纯为提系而设置；有的洗底有足，可见它不适宜摩擦。

真正能喷水的铜质鱼洗起源于北宋后期。王明清的《挥麈录·前录》卷三写道：

> 韩似夫与先子言，顷使金国，见虏主所系犀带，倒透，中正透，如圆镜状，光彩绚目。似夫注视久之。虏主云："此石晋少主归耶律氏者，唐氏所宝日月带也。"又命取磁盆一枚示似夫，云："此亦石主所献，中有画双鲤存焉，水满则跳跃如生，覆之无它矣。"二物诚绝代之珍也。盆盖见之范蜀公记事矣。

1118 年，宋朝派武义大夫马政去金朝探听虚实。此后，宋、金使者往来联络，共议攻辽之事。韩似夫、范蜀公似曾出使金国。"虏主"指金朝皇帝。石晋少主即晋出帝石重贵，他于 947 年向辽太宗耶律德光投降，日月带和瓷盆或许是他投降时献给辽太宗的贡品。1115 年，金太祖建立金朝后，立即向辽朝进攻，在达鲁古城大败辽军，掳掠而回。同年九月，又攻占了辽朝北边重镇黄龙府城。辽天祚帝在护步答冈与金朝决一死战，结果辽又大败，金军又掳掠了大批财物。这日月带和瓷盆两件珍宝似在此时落到了金朝手里。由此可以断定，引文中描述的瓷盆当在 946 年以前制成。该引文并不对这个瓷盆的形状、大小、结构做具体描述，而只是笔述它的重要特点：盆底画有双鲤，装满水后，双鲤跳跃如生。我们知道，在两手摩擦鱼洗过程中，洗内的水会因洗壁的振动而喷射起来，恰似洗内的水被鱼搅得水花飞溅一般。因此，虽然这段引文并未述及该瓷盆的结构规范，然而只要亲眼见过鱼洗喷水现象的人，就能认定它是类似喷水鱼洗的瓷盆。

瓷盆与铜洗有否联系？宋代何薳《春渚纪闻》卷九《记研》写道：

余又记《虏庭杂记》所载，晋出帝既迁黄龙府，虏主新立，召与相见，帝因以金碗、鱼盆为献。金碗半犹是磁，云是唐明皇令道士叶法静治化金药，成，点磁盆试之者。鱼盆则一木素盆也，方圆二尺，中有木纹，成二鱼状，鳞鬣毕俱，长五寸许。若贮水用，则双鱼隐然涌起，顷之，遂成真鱼；覆水，则宛然木纹之鱼也。至今句容人铸铜为洗，名双鱼者，用其遗制也。

《虏庭杂记》一书似已佚。《春渚纪闻》转引《虏庭杂记》所载，与《挥麈录》的记载分明是一回事。《春渚纪闻》关于鱼盆"双鱼隐然涌起"的描写，正如《挥麈录》的描述一样，也是有据的，只不过这两本书的作者都未提及需要有人用手摩擦一事。这大概是因为，在他们看来，瓷盆是个"神物"，而表演者的摩擦只是"小技"罢了，是不值得一提的。再则，将这个"神物"和常人的技术并提，也降低了瓷盆的神秘性。

要强调的是，第一，上述引文中的最后一句话，即"至今句容人铸铜为洗，名双鱼者，用其遗制也"，明确地道出了喷水铜洗的起源。在何薳生活的年代 11 世纪下半叶到 12 世纪上半叶，即北宋后期，在今江苏西南部即南京、句容一带已有人能制造喷水的铜质鱼洗，而它的"祖先"正是晋出帝的瓷鱼盆。它的名称最初称为盆，而后才叫铜洗或双鱼铜洗。起初洗底刻画两条鱼或称双鱼，而刻画四条鱼的洗应是比较晚的时候才出现的。从双鱼到四鱼的变化过程，表明人们对鱼洗振动的认识加深了。因此喷水鱼洗最基本的特征是喷起四道水柱。四条鱼配四道水柱，既符合构思技巧，又使艺术形式更加完美。第二，唐代人是否发现了洗的喷水现象？上述引文中有"唐明皇令道士叶法静"点瓷成金的记述，似乎这个瓷盆也可以追溯到唐代，但毕竟文字十分模糊。唐代道教流行，唐高祖李渊、唐太宗李世民都曾实行兴道抑佛的方针，唐朝的几个皇帝都曾吃过道士炼制的长生不老药，甚至有的中毒而死。道士的点铁成金术在唐代也流传甚广。宋代何薳把他所记述的喷水鱼盆追溯到唐代，正是以唐代的这一历史背景为依据的。而我们要根据这不确实的文字来做出结论，显然是草率的。但是，我们也不能完全肯定唐末未曾发现某些洗类器物的喷水现象，因为唐末（907 年）距石晋朝（936—947 年）不过二三十年。

撇开文献考证，从文物本身或许还可以找到喷水鱼洗的另一起源。陕西曾出土唐代环耳银锅（见图 3-38），据报道是军用品。该锅形状与喷水鱼洗基本相同，唯其双耳不直接置于锅边缘上，而是在锅边的外延柄上。摩擦它的双耳，难以激起锅周边的横向（水平方向）振动。或许，将来会发现与喷水鱼洗完全相似的金属锅；只要其双耳铸于锅边上，那么，它势必有可能导致喷水现象的发现。

图 3-38　陕西出土唐代环耳银锅

为什么手摩擦鱼洗或龙洗的双耳，它会发生喷水的现象呢？

鱼洗的振动是一种壳振动，而且是规则的类似圆柱形壳体的振动。它的底部与支撑面接触，不发生振动；整个洗只有其周壁发生横向振动，即平行于洗内水平面的振动。手掌和其两耳的摩擦就是洗振动的激励源，通过摩擦，赋予洗周壁振动的能量。又因手掌和两耳接触，使两耳总是处在振动波节位置。耳的长度比洗的周长短很多，理论上可以将耳的中心垂线当成波节线位置。由于洗的对称性，它的振动只能是偶数节线的振动（见图 3-39）。

即使单手摩其耳，其振动情形也是如此。

在洗周面振动的拍击下，洗内的水发生相应的简谐振动，在某些情况下会产生次谐波。在洗振动波腹处，水的振动也最强烈，甚至产生喷注，水面形成驻波；在洗振动波节处，水不发生振动，因此，浪花、水面气泡和水珠也停泊在不振动的水面径线上（见图 3-39）。这样，通过水珠和气泡的停泊线，就可以看出水面不振动的节线。由水面节线又可以推测洗周面振动的节线位置。喷水鱼洗就使圆柱形壳体的振动成为可见的了。

表明古代人掌握了鱼洗壳体振动的波节与波腹位置的是，他们在铸造鱼洗时，有意识地将四条鱼的口须对准四节线振动（即基频振动）的波腹位置，并将它的两耳放在波节线上。古代人的这一铸造技艺不仅完全符合壳体振动的原理，又在实际效果上能使人产生一种错觉，以为是洗底的鱼（或龙）搅动水流，从而使一个小小的铜盆就可供人们欣赏娱乐和奔驰自己的想象。

鱼洗周壁 4、6、8 节线振动示意图

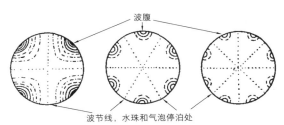

鱼洗作 4、6、8 节线振动的水面模式

图 3-39　鱼洗周壁振动节线及其相应的水面驻波

近代"声学之父"德国克拉尼（E. F. F. Chladni，1756—1827 年）在研究金属板振动时，在板上撒一薄层细砂，他据此画下了闻名的"克拉尼砂图"。可惜，他未见过中国的喷水鱼洗表演，否则，兴许他还会以此画下壳体振动的"水图"。

十、回音壁与莺莺塔

位于北京的天坛是明清两代帝王祭天、祈祷丰年的地方，初建于明永乐十八年（1420 年）。其中，祈年殿、皇穹宇、圜丘三座宏伟建筑坐落在南北纵轴线上。据古代人"天圆地方"的观念，这些建筑的平面均为圆形。皇穹宇围以高约 6 米，半径约 32.5 米的围墙。这个围墙，就是闻名的回音壁。圜丘为圆形的三层汉白玉石坛，最高层平台离地面约 5 米，半径约 11.4 米，

图 3-40　天坛内建筑：圜丘（上）；回音壁（下）

每层平台边均砌有青石栏杆（见图3-40）。皇穹宇和圜丘建于明嘉靖九年（1530年）。

皇穹宇的围墙和圜丘具有奇特的声音反射现象。

围墙以砖石砌成，墙壁面整齐、光滑，是一个优良的声音反射体。围墙内三座建筑，坐落在北面的最大的圆形建筑就是皇穹宇。东西两边对称地各有一座长方形建筑。皇穹宇北墙与围墙最近处为2.5米。圆形围墙与声音在凹面的反射密切相关。当图3-41中人A对凹墙面低语，声波沿着凹面"爬行"。在另一处人D可以听见经由墙面C传来的A的声音。皇穹宇北墙距离围墙近，在某种情况下它会阻挡部分沿墙面爬行的声波。据测定，与凹面墙切线所成的入射角在22°以内的声射线，其声波的能量都分布在近墙面的一条狭带内，而不致被皇穹宇所吸收或反射。这时，D能清楚地听见A的低语声。如果A大声说话，D会听到两个声音：一个是通过空气直接传达到D处的声音；另一个是经过凹形墙面连续反射而达到D处的声音。由于前者声

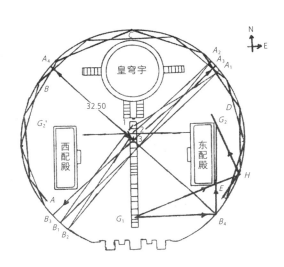

图3-41 回音壁声波反射示意图

强随 1/r^2（r 为声波所通过的直线 AD 的长度）而衰减，后者的声强随 1/R（R 为 A 与 D 间声波所经过的弧长）而衰减。因此，虽然后者路程长，且稍后听见，但它却要比前者响一些。

从皇穹宇到回音壁的大门有一条白石路，从皇穹宇往南数第三块石板正处在围墙的中央。在此拍掌，可以听到三次回声，人称"三音石"。在这个中心点发出的声音，其声波等距地传到围墙，又被围墙等距地反射回到中心点。这第一次回声又等距地传到围墙，并被围墙等距地反射回到中心点。如此往复几次，直到声能耗尽为止。如果不是围墙内三座建筑反射了大部分声波，人们还可以听到更多的回声。

从皇穹宇往南数的第 18 块石板处（见图 3-41 中的 G_1）和东配殿的东北角（G_2）或西配殿的西北角（G_2'）之间，由于回音壁凹形墙面和配殿对声音的反射而形成声道（$G_1B_4G_2$ 或 G_1HG_2），因此，虽然 G_1G_2（或 G_1G_2'）之间距离甚远，但此二处可以小声对话。这第 18 块石（G_1）被称为"对话石"。中国科学院声学研究所陈通先生通过数学分析凹圆柱面内波的传播而对回音壁的各种声学特点做出了解释。之所以产生"对话石"现象，是由于凹面反射声有焦散现象，在焦散面上声场可以得到加强。声源 G_1 的声波经回音壁凹面反射而达到 G_2 或 G_2' 点，G_2 或 G_2' 是落在声反射面上的焦散点，在焦散点处的反射声压值比 G_1G_2 或 G_1G_2' 直达声大。

圜丘的声音效果是，人站在台中心叫一声，其本人可以听到来自其脚底地面的响亮的回声。这个声波反射过程是这样的：圜丘的平台并不真水平，而是中心略高、周围略倾斜，因此，平台栏杆与台面夹角略小于 90°。人的声波传到栏杆后，被栏杆反射到平台面，再由平台面反射到人耳。或者，声波先传到平台面，再反射到栏杆，又被栏杆反射回平台中心。

在古代中国，有许多类似于天坛的声反射现象的大型建筑，位于山西永济普救寺内的莺莺塔就是其中之一。

　　莺莺塔原名普救寺舍利塔。由于《西厢记》主人公张生与崔莺莺冲破封建礼教的爱情故事发生在普救寺内，故而寺内舍利塔又称莺莺塔。普救寺初建于隋唐年间，塔为七层，明嘉靖三十四年（1555 年）因地震而毁坏。今存莺莺塔重建于嘉靖四十三年，为十三层 36.76 米高（不计及塔刹）。

　　莺莺塔是四方形砖塔，塔内为方形空筒状。全塔与塔檐都由青石砌成。各层塔檐成半穹窿形。该塔最为明显的声学效果是：距塔身 10 米内击石、拍掌，30 米外听到蛙鸣声；距塔 15 米左右击石、拍掌，听到蛙声似从塔底传出；距塔 2.5 千米的村庄里的锣鼓声、歌声，在塔下也能听见，且感觉似乎来自塔内；远处村民的说话声也会被塔聚焦放大。诸如此类奇特的声学效应，皆出于塔本身的结构与形状。中空的塔内腔起了谐振腔作用，可以将外来声音放大；半穹窿形塔檐不仅可以将声波反射回地面，还有汇聚声波的作用。不同高度的十三层塔檐的声反射脉冲汇聚于人耳，相邻两层塔檐的反射声时间间隔合适，约 10 毫秒，因此形成蛙鸣之感（见图 3-42）。

　　除了回音壁和莺莺塔之外，古代留传至今的许多建筑在声学上也有特

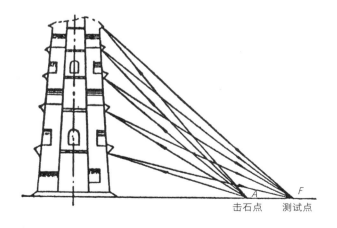

图 3-42　莺莺塔檐声波反射示意图

殊的意义。在山西南部遗存一些宋元舞台，它除了屋顶之外，还有后墙与侧墙。这种舞台比四面敞露的舞台，在声学上是一大进步。古代无电声，人的演唱声或乐器声在敞露的舞台向四面传播，传不远，也听不清。而三面环墙的舞台建筑，对于露天场地上较远的听众无疑具有较清晰的听闻情形。明清时期，屋内歌舞戏厅增加。建于明代、重修于清乾隆五年（1740 年）的皇宫内漱芳斋戏台，台面积为 10 平方米，高约 3 米，适宜演出小型歌舞说唱，声音效果极佳。

　　古代人还以增加建筑混响的方法使厅堂或广场演唱声传播得更远。据考察，山西南部和西南部地区的宋元戏台和舞楼，其台下多挖有坑洞，洞内置陶瓷数口。这些陶瓷可增大共振混响，在无电声的古代，对于听众是有利的。更有趣的是，许多古代钟鼓楼内，在钟或鼓下的地面掘有深池，钟鼓与其下的深池形成共振混响系统。北京大钟寺内大钟下的地面就掘有混响深池。

第四章　热学知识

古代取火工具

冰鉴

省油灯与辘轳剑

从烧水泡茶的壁画说起

砚盒中的物态变化

烧窑与火候

一、古代取火工具

古代取火工具，除了在光学中述及的阳燧之外，还有依靠摩擦取火的"木燧"，又称"钻燧"。取两条干燥硬木，使其中一条的一端与另一条激烈摩擦，在摩擦点附近放上易燃物质。摩擦运动产生高温，进而迸出火星，易燃物即着火。史称，这种方法是由原始社会时的燧人氏发明的，故曰"燧人氏钻木取火"。《管子·轻重戊篇》说："钻燧生火，以熟荤臊。"《韩非子·五蠹篇》说："钻燧取火，以化腥臊。"《礼记·内则》更指出，人们左佩"金燧"（即阳燧），右佩"木燧"。身上装着这两种取火工具，不论阴晴昼夜，都无须为火种发愁。

或许，由于木质工具年久易腐，迄今尚未发掘出先秦木燧；即使有，也易被人们忽略。因此，先秦木燧究竟如何，尚不得而知。根据事物的历史演变法则，以近求远，以今考古，由几十年前偏僻地区的少数民族尚存的钻木取火之工具，即可窥见远古时期之一斑。几十年前，海南岛五指山上黎族人用两条山麻木取火。在一条平整的山麻木边缘以石刀刻一凹穴，近凹穴再刻一缺口，在缺口处放易燃物。以另一条圆山麻木的一端对准凹穴，两手急速搓转圆木。凹穴因热而飞出火花，掉落在其旁的易燃物上。见易燃物有烟起，即将它置于干草中，顺口一吹，干草燃而起火。设在北京的中国国家博物馆原始社会厅曾经展出多种这样的取火工具。以磨、钻、锯等方式的机械运动，通过摩擦而得火。自从弓钻发明之后，人们又以手摇弓钻代替两手搓磨圆木棍取火。

通过钻木取火的实践，人们懂得了一条热学基本原理：摩擦生火。《庄子·外物》写道："木与木相摩则然，金与火相守则流。"《淮南子·原道训》说："两木相摩而然，金火相守而流。员（圆）者常转，窾者主浮，自然之势也。"摩擦生热，金属铜在高温中会熔化成可流动的液体，这些现象被人们看作自然而然的事。

钻木取火，亦称"错木作火"。所谓"错木"，"或竹木相戛，如锯木然"[1]。明代宋濂（1310—1381年）就此取火法在其《文宪集·钻燧说》中写道：

> 宋子闲居，见家人夏季改火，不用桑柘，取赤杉二尺，中折之。一剜成小空，空侧开以小隙；一劀（guā）圆，大与空齐，稍锐其两端，上端截竹三寸冒之，下端置空内。以细绹（táo）缠其腰，别借卉毛于隙下。左手执竹，右手引绹，急旋转之。二杉相轧摩，空木成尘烟，辄起尘自隙流毛上，候其烟蓊（wěng）勃，如虚掌覆空郁之，则火焰焰生矣。

这里所述的摩擦木条、剜口形状都与前述黎族取火工具同。只是这里的旋转木条上端套合三寸长竹筒，其腰上按弓钻法缠上绳子；按住套筒，拉动绳子，木条便急速旋转，而不用双手直接搓转木条。

稍晚于宋濂的方以智，在其《物理小识》卷二《石竹火》中记述了竹片取火法：

---

1 林洪：《山家清事》，见《说郛》（宛委山堂本）卷七十四。

取火于竹，以干竹破之。布纸灰，而竹瓦覆上。竹穿一孔，更以竹刀往来切其孔上。三四回，烟起矣；十余回，火落孔中，纸灰已红。

将竹筒破而为二，其半覆于地即似"竹瓦"。"竹刀"，即上下旋锯于竹瓦孔中的竹条。仔细的考古工作者将可能在宋明墓葬中发现这些文物。

除了摩擦生火的工具外，还有碰撞、打击的生火工具。《关尹子·二柱篇》说："石击石即光。"这就是碰撞、打击生火的例证。古代人以此方法制造了"火石镰""钢镰"。它们是以两块不同质地但极坚硬的石块，或一石一钢铁，互相打击而生火。唐代刘言史《与孟郊洛北野泉上煎茶》诗云："敲石取鲜火，汲泉避腥鳞。"[1]唐制，武官五品以上者带火石袋[2]，随身携带火镰、火石，以防军中之急需。方以智记载它的生火方法说：

破石，以钢镰刮之，则火星出；纸煤承之，即燃。[3]

明代，这种钢镰火石发展为军事武器中的发火装置。茅元仪在其著《武备志》、宋应星在《天工开物》中都曾分别描述地雷、水雷等爆炸物以钢镰、火石点火的方法。它的基本原理极类似于今日以拇指按动小钢轮的打火机。在钢镰上缠上绳子，绳子一端悬空吊重石。一旦敌军踩动游线机关，使重石下落，从而带动钢镰旋转，它即与其旁火石摩擦而生火，火花点燃引线，火药爆炸。它是现代摩擦打火机的始祖。

然而，有工业价值的是，景颇族的祖先曾发明一种类似活塞式点火器的器物（见图4-1）。以牛角作外套筒，木制推杆，杆前端粘附艾绒。取火时，

1　吴曾：《能改斋漫录》卷三《辨误·阳燧》引。
2　《旧唐书》卷四十五《舆服志》。
3　方以智：《物理小识》卷二《石竹火》。

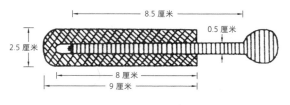

图 4-1　景颇族人发明的取火器

一手握住套筒，一手猛推杆入筒，并随即将杆拔出，艾绒即燃。口吹艾绒，立见火苗。景颇族聚居云南德宏一带，其历史悠久。景颇语称这种取火器为"ngarung hpaipok"。前一发音为"牛角"之意；后一发音如"迫炮"，为取火时的声音。中国国家博物馆将此点火器展示于原始社会厅，其确切的发明年代已不可考，但最迟不晚于明代。

显然，在 19 世纪之前，任何一个民族都不可能在理论上知道热力学的绝热压缩过程。在这个过程中，某一系统不与外界发生任何热交换。由于急速压缩，体积急剧变小，使该系统的温度急剧上升。景颇族的祖先以他们的聪明才智，在热力学诞生之前很久，就在实践中发明了符合绝热压缩过程的取火器。

景颇族的取火器曾通过东南亚和印度次大陆传到欧洲，对近代工业发明产生了一系列的影响。法国数学家、力学家拉普拉斯（Pierre-Simon Laplace，1749—1827 年）以玻璃筒代替牛角，以玻璃杆代替木质推杆，在欧洲最早发现压缩点火法。又一说，法国枪炮厂的一个工人曾用空气压缩法使火绒着火。他的实验说明书被送到化学家道尔顿（J. Dalton，1766—1844 年）手里。道尔顿为此于 1800 年发表了一篇论文：《论以空气的机械压缩和稀疏产生热和冷》。欧洲人称这样的器物为"活塞式点火器"，并且产生了一系列链式影响。制冷科学的奠基者、德国工程师林德（C. Linde，1842—1934 年）1877 年左右在慕尼黑发表演说，表演了一种根据活塞原理制成的香烟点火机。后来，狄塞耳（R. Diesel，1858—1913 年）于 1897 年创制柴油发动机（也称压力点燃热机）；狄塞耳事后称，与他的发明最有关系并促使其发明问世的是林德的香烟点火机。

可以说，以压缩空气法产生的各种近代工业点火装置，其共同的祖先正是景颇族的取火器。尚待考证的是，是谁在何时将它带到欧洲的。

二、冰鉴

在古代称为"鉴"的文物中，有陶鉴、铜鉴。其中许多所谓的"鉴"，实质上就是陶盆、铜盆一类器物：用它盛水，则为水鉴；用它盛冰，则为冰鉴。其中的一些颇具热学意义。

1994 年在长沙白泥塘五号战国墓中发现了一件称为"镂孔杯形器"的物品（见图 4-2）。杯子铜质，杯壁为镂孔花纹，平底、三足。通高 15 厘米，口径 9 厘米，底径 7.1 厘米。墓的年代属战国中期，墓主人为大夫一级的楚国贵族。考古文物界发现了不少类似的秦汉及其之前的器物。其用途之一是装置冰块，再将此杯置于盛有食物的器皿中，以御温气，冰冻食品，防

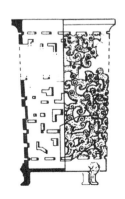

图 4-2 战国镂孔杯形器

止腐烂。

在人类生活中，一方面要火，要高温；一方面要冰，要低温。高温与低温都是热学研究的对象。类似镂孔杯形器的发现，证明古代人利用冰的历史悠久。

《诗经·豳风·七月》写道："二之日凿冰冲冲，三之日纳于凌阴，四之日其蚤，献羔祭韭。"意思是：十二月凿冰冲冲响，正月抬冰窖里藏，二月取冰来上祭，献上韭菜和羔羊。屈原在《招魂》中亦说："挫糟冻饮，酎清凉些"。意思是，冰冻甜酒，满杯进口真清凉。

除了冰冻食物之外，《左传·襄公二十一年》记述了楚康王使薳子冯为令尹（楚国最高军政长官），薳子冯不受，借冰块在家中装病以为托词之事。时值酷暑，装病时身着裘衣、盖上几床棉被，却在床下挖地坑，置大量冰块，使他自己处于"冰柜"之上，从而躲过了楚康王派来的医生的检查。《左传·昭公四年》还记述了藏冰、用冰的时间、地点，以及如何用冰等一系列过程。《周礼·天官·凌人》中有类似文字记述：

> 凌人掌冰。正岁十有二月令斩冰，三其凌。春始治鉴，凡内外饔之膳羞鉴焉。凡酒浆之酒醴亦如之。祭祀共冰鉴，宾客共冰，大丧共夷槃冰。夏，颁冰掌事。秋刷。

其大意是，周历十二月开始凿取野外干净冰块，三月将冰块收藏于冰窖"凌阴"之中。春天来临，将冰鉴洗涮干净。招待宾客，国君用餐，以至丧葬、祭祀皆用冰块对膳食、酒醴进行降温或冰镇。丧葬中，尸体放置冰床（"夷槃"）上降温，以防腐烂。掌管这一事务的官员称为"凌人"。夏天至，由凌人"颁冰掌事"；入秋后，清扫凌阴，以便来冬再度藏冰。

　　《周礼》述及的"冰鉴"，就是"盛冰置食物于其中，以御温"[1]的特制容器，或陶制，或铜制。曾侯乙墓出土一圆形铜鉴，通高 29 厘米，口径为 45.1 厘米。可以想见其内盛食物之多寡。有的将冰与食物混装于鉴内；有的将冰置于如图 4-2 所示的杯中，使冰与食物隔离。盛夏之日，还有食冰之人，如同今日吃冰棍者。据载，宋徽宗赵佶因"食冰太过病脾疾，国医无效"。此亦一忌也。

　　关于历史上利用天然冰降温一事，值得注意的是在曾侯乙墓出土的一种特殊的铜冰鉴式保温器。它是保温瓶的始祖。这种保温器里外两层，外为一方鉴，内装一方壶。方鉴的盖中有方孔，刚好套在内方壶的口上（见图 4-3）。盛夏之时，方鉴盛冰，内方壶盛食物或冰冻酒水。据报道，方鉴通高 61.5 厘米，口径 76 厘米×76 厘米，重 168.8 千克。内方壶底与外方鉴内底以三个栓钉套接。因外方鉴容积大，热容量也大，盛冰时，内方壶不易升温，保持食物新鲜而不致腐败。当方鉴盛热水时，内方壶酒水或食物可以保温，以便冬日使用。这种夹层的保温装置，是热传导原理的巧妙应用。或许正是它，启发人们利用热辐射原理创制了保温瓶。

　　宋代洪迈（1123—1202 年）曾记述某人发现的一个古瓷瓶，具有特殊的保温效果。他写道：

　　　　张虞卿者，文定公齐贤裔孙，居西京伊阳县小水镇，得古瓦瓶于土中。色甚黑。颇爱之。置书室养花。方冬极寒，一夕忘去水，意为冻裂。明日视之，凡他物有水者皆冻，独此瓶不然。异之。试之以汤，终日不冷。张或与客出郊，置瓶于筐，倾水瀹茗，皆如新沸者。自是始之秘。惜后为醉仆触碎。视其中，与常陶器等，但夹底厚几二寸，有鬼执火以

---

1 《西清古鉴》卷三十一《冰鉴》。

图 4-3　战国曾侯乙冰鉴式保温器

燎，刻画甚精。无人能识其为何物也。[1]

　　由记载看，张虞卿所获得的"伊阳古瓶"，可能是洛阳陶瓷工人特意制作，它能保温数小时。它的特殊之处是夹层陶瓷。夹底厚二寸，底刻画有执火之鬼。图画表明，陶瓷工人在制造它时是有意设计并预先知道夹层能起保温作用。烧制陶瓷过程中，夹层内空气因热和高温会稀薄些。因此，这夹层古瓶对于防止热传导、降低热辐射是起作用的。古代人虽不知其中的热学道

1　洪迈：《夷坚甲志》卷十五《伊阳古瓶》。

理，但在实践中发明了最早的陶瓷保温瓶。据《宋史·洪迈传》载，洪迈尤通宋代掌故。他的记载当有所据。

三、省油灯与辘轳剑

在辽宁北票水泉一号辽墓曾出土一件青瓷盏（见图4-4之①），盏腹被分隔成两部分，中间挡着一道向后弯的高屏，瓷盏后部为鱼尾，整体似鱼形，腰部为双翼。据考，它是据印度摩羯灯加工和再创造而成的。

在今四川邛崃邛窑遗址曾出土宋代的一种瓷灯盏（见图4-4之②）。类似的器物也曾在湖南岳阳、天津出土过，且重庆博物馆藏有完整的精品。这些灯具具有一个共同特点：省油。北票水泉青瓷盏分隔成两部分，一部分盛油、点灯；另一部分盛水，使其温度降低，避免油发热蒸发。邛崃灯盏，上层盛油、点灯，而其下层可通过边缘小孔注水，也能达到使油降温的目的。从多处出土邛崃式瓷灯盏看，这种灯具分布甚广。古代人称其为"省油灯""夹瓷盏""夹灯盏"。它是热传导原理的具体应用之一，也是近代工业中冷却系统的始祖。

图4-4　省油灯（一）：①北票出土；②邛窑出土

宋代陆游（1125—1210 年）在《陆放翁集·斋居记事》中写道：

> 书灯勿用铜盏，惟瓷盏最省油。蜀中有夹瓷盏，注水于盏唇窍中，可省油之半。

他在《老学庵笔记》卷十中又写道：

> 《宋文安公集》中有《省油灯盏》诗。今汉嘉有之，盖夹灯盏也。一端作小窍，注清冷水于其中，每夕一易之。寻常盏为火所灼而燥，故速干。此独不然，其省油几半。邵公济牧汉嘉时，数以遗中朝士大夫。按文安亦尝为玉津令，则汉嘉出此物几三百年矣。

宋文安公即宋白（936—1012 年）。"汉嘉"为今四川芦山，恰与邛崃相邻。邛崃遗址出土的宋瓷灯盏正是陆游当年描述的汉嘉省油灯。他的文字描述与图 4-4 之②所示完全一致。

陆游的文字记述，清楚地揭示了夹灯盏省油的原因；也指出了省油灯的起源年代。陆游从宋白的《省油灯盏》诗断其起源于公元 10 世纪，即在他之前约 300 年。北票出土的辽代青瓷盏是吸取邛崃灯的省油结构，并将摩羯灯的鱼头改制成"盏唇搭炷"式样，从而成为工艺精巧的中国式省油灯。

陆游说："书灯勿用铜盏，惟瓷盏最省油。"这有一定道理。因为，土壤导热系数为 4.3，砖的导热系数为 12，石板导热系数为 33，而黄铜导热系数为 2600 [单位均为 10^{-4} 卡 /（厘米·秒·度）]。陶瓷或青瓷的导热系数当在砖与石板之间，比黄铜自然小很多。黄铜灯盏，一旦灯炷发热，其整体则易热，油便易蒸发；而瓷不易整体发热，若又有夹层盛水使之冷却，比黄铜盏"省油几半"是毫无疑问的了。

然而,"勿用铜盏"的说法也太绝对。如果铜盏也有如同图 4-4 中两种形式之一的冷却系统,加上铜的导热系数大,灯炷的热量与灯体的高温却很容易受清冷水的影响而大大降低,从而达到省油的目的。由此出发,省油灯在中国绝不是起源于公元 10 世纪,而是起源于汉代。

在第二章中,我们述及各种汉代灯具,其中如图 2-8 至图 2-11 所示的汉代长信宫灯、鼎形铜灯、铜凤灯、铜雁鱼灯等都是铜质的,它们都有吸取油烟、减少环境污染的功用,而这功用是以在腹部注入清水为条件的。如果这些灯具也如陆游所言,"注清冷水于其中,每夕一易之",那么,它们的降温与省油效果也是显而易见的。又如,在四川大邑马王坟属于晚汉的墓葬中,在四川崇庆五道渠刘蜀墓中,都曾发掘出"铜玄武灯座"(见图 4-5),长 13.9 厘米,高 5.1 厘米,龟形座基,龟背盘蛇,龟口衔灯盘,两龟背中部突起一短管。显然,这短管是用以灌清冷水入中空的龟腹之内的。可惜,类似文物报道极为粗简,以至于我们难以断论其中大量灯具文物是否有省油

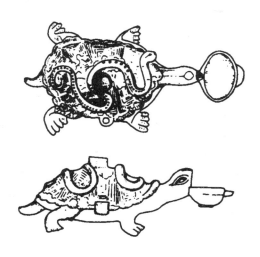

图 4-5 省油灯(二):汉代铜玄武灯座

(上:俯视图;下:侧视图)

功效。但从上述各种汉代铜质灯具看，省油灯起源于汉代是确切无疑的。

　　以上各类省油灯，无论是瓷质还是铜质，都是在灯具腹部盛清冷水以降温、省油。此外，还有另一种瓷灯盏亦颇具相同意义。1990年，人们在河南宝丰清凉寺窑地发现一件天青釉刻莲瓣纹瓷盏托（见图4-6之①），属宋代汝窑瓷。它与同时代的越窑青瓷盏托（见图4-6之②）的共同特点是，瓷盏由中心圆环瓷分成两部分，若环内圆部分盛油、置灯炷，环外槽盛清冷水，自然也达到省油的目的。如果将前述两类省油灯称为闭合腹式冷却系统，那这第三类就可以称为开放冷却系统。在现代工业中，冷却系统往往以回旋管或内外套管的方式令清冷水在炽热液体中流过，以达到降温的目的。在以水冷却炽热物这一意义上，古代省油灯是现代工业冷却系统的始祖。

　　说到此，需要指出，铜质灯具如果无冷却装置，自然容易发热发烫，当然不省油了。而且铜本身受热也易膨胀。这种会明显地热胀冷缩的文物虽至今未曾发现，但元初陶宗仪记述的宋人使用的玉质"辘轳剑"，是按照热胀冷缩原理制成的。相信有一日考古工作者会将它发掘出来。

　　据载，古代名门权贵身佩"辘轳剑"。所谓"辘轳"，是由两块球形玉相套合而成，外形似"吕"字，"形口中间，似辘轳旋转，无分毫隙缝"。那么，如何将一个球形玉的轴塞进另一个的孔洞之中？陶宗仪对此做了历史的

图4-6　省油灯（三）：①北宋汝窑瓷盏托；②北宋越窑青瓷盏托

考察，并在实验中发现了其中的热学原理。他写道：

> 霍清甫[1]治书云：《考古图》[2]载古衣服，今有玉辘轳、玉具剑。古乐府曰："腰间辘轳剑。"此器以块然之璞既解为环，中复为转关，而上下之隙仅通丝发，作宛转其间。今之名玉工者，往往叹其所未睹。按：汉隽不疑[3]带镖具剑。晋灼[4]曰："古长剑首，以玉作井辘轳形，上刻木作山形，如莲花初生未敷时，今大剑末首，其状如此。"前说乃宋李公麟[5]之所纪也。余昔宦游钱塘，因识吴和之者，性慧巧博物，收一辘轳，玉青色，形如吕字，环口中间辘轳旋转，无分毫缝隙，形色极古，人皆以为鬼工。因土渍，用白梅熬水煮之。良久，脱开，详视窍中，有双玉轴在焉。中嵌一物，形若牛筋。意度必是当间煮之胖胀，撑塞双轴，入窍关住，所以宛转无碍。年深腐败缩瘦，因而煮脱。试用干牛筋捶实，置轴两间，对勘孔窍，以线缚定煮之。少时，双轴果涌入窍中，须臾取出，依前动转不脱。后余亦收一小者，状若旋环，制作大约相似。后因损折，转轴中亦有一物，形似翎桶，想亦同一关揆。其玉具剑，自三代有之。今止以两汉为始，至于宋朝，且千余年，未有能穷其辘轳底蕴，今偶以煮脱乃得其机轴，亦云奇矣。[6]

陶宗仪的这长段文字，记述他所闻见的玉辘轳之机巧。形似"吕"字的两块玉，一个带有圆轴，一个挖有圆形孔洞。前者要套进后者之中，使二者不脱开。中间加有牛筋，类似今橡皮圈以垫隙缝。在清洗蒸煮中，偶尔脱落

---

1 霍清甫，似是宋人，里籍、字号与生卒年不详。

2 《考古图》，宋吕大临撰。

3 隽不疑，汉渤海人，字曼倩，生活于约公元前1世纪，官青州刺史、京兆尹。

4 晋灼，河南人，晋尚书部，生卒年不详。

5 李公麟（1049—1106年），字伯时，官至朝奉郎。

6 陶宗仪：《辍耕录》卷二十三《玉鹿卢》。

并发现它的结构，推测其装合的热学原理：热胀冷缩。在蒸煮加热过程中，外套先受热膨胀，而内套之轴尚未受热，故而脱落；在装合过程中，也先加热外套，使其膨胀后即可将内套之轴塞入。陶宗仪明确说道，辘轳当间"煮之胖胀"。"胖胀"即今"膨胀"。可见，古代人充分掌握了热胀冷缩的原理。

热胀冷缩是热学中的一条普遍规律。古代中国人早已将它运用于水利工程技术之中。据《华阳国志》载，战国末，蜀守李冰主持开凿都江堰工程。两岸悬崖，巨石坚硬，刀斧"不可凿"，李冰"乃积薪烧之"。东汉时，成都太守虞诩（？—约137年）主持西汉水（嘉陵江上游）航运修整工程。据《后汉书·虞诩传》载，他"使人烧石，以水灌之，石皆坼裂，因镌去石"，因而水运通利。这就是说，在巨石下堆柴烧火，使其炽热，后用冷水浇石。一热一冷，石裂而易凿。方以智将历史上的这种传统工程称为"烧石易凿法"。40多年前，笔者曾参观四川都江堰，讲解员指着一处黑色悬石壁岸，称之为当年李冰烧石凿道处。其时虽不知属实与否，然心中顿时肃然起敬。

四、从烧水泡茶的壁画说起

在历代绘画中不乏煮茶、泡茶（可包括点茶、冲茶）、饮茶的画面。在河北宣化下八里辽代墓群六号墓中发现大量的属12世纪初期的壁画，其中有碾茶、煮水、泡茶的详细绘图（见图4-7）。一人执扇扇火于炉前，炉上置白色瓜棱壶，执扇者为一髫发男童，双膝跪地。在内蒙古赤峰沙子山元代墓壁画中也有同类绘画，其中《茶道图》描绘了正在倒水泡茶的情景（见图4-8）：右边梳髻女子托一茶盏；中间戴幞头男子双手执壶向左边女子手中碗内注水；左边女子高髻红冠，左手端一大碗，右手持筷子搅拌。三人前一茶桌，罩绿色桌布，桌上摆放碗、茶盏、双耳瓶和小罐。桌前一女子侧跪，似在煮水，其左手持棍拨炭火，右手扶执壶。

图 4-7 宣化辽代墓壁画《备茶图》(局部)

图 4-8 赤峰元代墓壁画《茶道图》

中国是有古老饮茶传统的国家。这些绘画，不但描绘了饮茶的情景，而且使人想到，正是在这种独特的生活习惯中，中国人最早发现了水的递次沸腾现象。

至迟在唐代，人们已发现并且掌握了水的递次沸腾现象。被誉为"茶圣"的陆羽所写的《茶经》中，提到煮茶时观察煮水，要注意"三沸"，即仔细地观察水的沸腾过程。

所谓"三沸"，是指水的温度接近沸点时的三个过程：一沸称为"鱼目"，这时釜内开始出现如鱼眼的水泡，同时微微有声；二沸称为"涌泉"，这时贴着釜底的沸水像涌出的泉水，连珠般地往上冒；三沸称为"鼓浪"，这时釜底泡沫飞溅。陆羽说，煮水三沸，势如奔涛。

煮茶，即将碾碎的茶叶投到沸水中煎煮。如果煮水未沸，投入的茶末浮起；水过沸，茶末下沉。陆羽说，过沸的水，"不可食也"。因此，煮茶时，仔细观察水的沸腾过程，是很关键的。

到了宋代，盛行点茶。不将茶末投入釜中煎煮，而是放在碗内，用沸水冲点。明代改用泡茶，方式和宋代一样，只是用的是茶叶，不再将它碾碎成粉末了。

不论点茶还是泡茶，都很重视煮水，宋代人称为"候汤"。宋人蔡襄（1012—1067年）在其《茶录》中就"候汤"写道：

> 候汤最难，未熟则沫浮，过熟则茶沉。前世谓之蟹眼者，过熟汤也。

稍晚于蔡襄的庞元英在其《谈薮》中说：

> 俗以汤之未滚者为盲汤，初滚曰蟹眼，渐大曰鱼眼。其未滚者无

眼，所语盲也。

元代王祯在其《农书》中有关记述无疑是对前人观察的总结。他写道：

活火谓炭火之有焰者。当使汤无妄沸。始则蟹眼，中则鱼目，累然如珠，终则泉涌鼓浪。此候汤之法，非活火不能尔。

以上关于"候汤"的三种说法，与陆羽对煮水的观察是一致的，只不过在名称上有些不同而已。煮茶一沸称鱼目，即候汤的蟹眼；二沸涌泉，即候汤的鱼眼；三沸鼓浪，也即候汤的鼓浪。显然，蔡襄把"蟹眼"视为过沸状态，可能是记错了。

从唐人开始，以"鱼目""涌泉""鼓浪"，表示在加热水的过程中气泡之有无、大小，并以此描述处于不同温度的热水或水的递次沸腾现象，这是中国人在无温度计时代的发现。

就现在理解，"盲眼"之水当在 60℃ 以下，"蟹眼"在 60～75℃ 之间，"鱼眼"在 75～90℃ 之间，而到"鼓浪"，那已是滚烫的 100℃ 的开水了。

英国李约瑟博士虽未曾充分掌握古代中国人有关递次沸腾知识的文献资料，但他对此极感兴趣，并以现代术语对水的"三沸"做了说明：初始为"核心沸腾"，中沸为"过渡沸腾"，最后为"稳定膜型沸腾"。他还指出，东方人的饮茶习俗，使他们发现有关现象并非偶然。图 4-7、图 4-8，正是蕴含着这种科学发现的艺术绘画。

图 4-8《茶道图》中，中间男子执壶注水，而其旁女子在注水碗中持物搅拌，这种生活情景还使古代人做出了另一个发现：溶质分子在溶液里扩散的现象。当上好茶叶置沸水碗中，绿茶或红茶的茶质溶解于水，并在水中形成千奇百怪的扩散现象。对此，五代陶谷在《清异录》中描写道：

　　　　茶至唐始盛，近世有下汤运匕、别施妙诀，使汤纹水脉成物象者，禽兽虫鱼花草之属，纤巧如画，但须臾即就散灭。此茶之变也。时人谓之"茶百戏"。

　　茶叶溶质在水中扩散成花草图像，是饮茶者"下汤运匕"，即在茶溶解过程中以食具搅动所致。然而，要使之成物象，也当有相当之奇巧。故而时人称其为"茶百戏"。图 4-8 中的描画，是否也在表演"茶百戏"呢？待识者考定之。

五、砚盒中的物态变化

　　砚是中国传统的文房四宝之一。迄今，考古发掘出大量的汉代及其之后的砚台。1964 年《文物》第 1 期载冶秋的《刊登砚史资料说明》一文之后，1964—1965 年的《文物》每一期上都刊有"砚史资料"。在此前后，关于不同时代、质地、形制的砚台的报道、文章，亦常见于《文物》等杂志。1984 年在山东临沂金雀山第十一号汉墓曾出土一件西汉漆盒石砚（见图 4-9），长 21.5 厘米，宽 7.4 厘米。形态美观，漆画鲜艳，盒盖严密。砚，不仅是一种中国传统的文具，也是一种艺术珍品。

　　然而，砚台、砚盒的科学价值似乎尚未引起人们的注意。砚台石质细腻，不漏水；砚石上可研磨墨石、墨条，还有小小的水池，供储水磨墨之用；砚盒有木盒、漆木盒、铜盒、银盒等各种质地，且严实、不透气。这样的砚台之所以称为上品，不但因为其工艺、雕刻俱佳，而且因为砚内之墨长久不干。甚而，它成为古代人演示物态变化的一种实验设备：砚盒中墨水蒸发为汽，而盒内过饱和的蒸汽又凝结为水。宋代诗人陆游曾记述了唐彦猷发现砚盒内水、汽两相变化的情景。他在《老学庵笔记》卷八中写道：

图 4-9 山东临沂金雀山汉墓出土的漆盒石砚（砚旁为长 23.8 厘米的毛笔）

唐彦猷《砚录》言："青州红丝石砚，覆之以匣，数日墨色不干，经夜即其气上下蒸濡，着于匣中，有如雨露。"又云："红丝砚必用银作匣。"凡石砚若置银匣中，即未干之墨气上腾，其墨乃着盖上。久之，盖上之墨复滴砚中，亦不必经夜也。铜锡皆然，而银尤甚。虽漆匣亦时有之，但少耳。彦猷贵重红丝砚，以银为匣，见其蒸润而未尝试他砚也。

这个记述无异于蒸发以及过饱和蒸汽凝结为雨滴的实验。所谓"蒸濡""蒸润"，包括了今日蒸发的概念。唐彦猷发现红丝石砚装于银盒内，盒内有蒸发与凝结现象；陆游又对此做了物理解释，并指出，铜盒、锡盒、银盒乃至漆木盒都能发生类似现象。他们对这一过程的观察、记录和解释都是正确的，与今天中学物理教科书中的解释相差无几：砚盒内的墨水在常温下蒸发，由于盒子不透气、体积小，蒸发的水汽分子极易在盒内空间中形成过饱和状态，于是水汽又凝结成水而滴落砚中，这样，砚内的墨水就长久不干。

事实上，古代人在长期的生活经验中，从天气变化和气象观察中，早已知道诸如蒸发、汽化、固化和凝结等物态变化的知识。东汉王充在《论衡·说日篇》中写道：

> 云雾，雨之征也。夏则为露，冬则为霜，温则为雨，寒则为雪。雨露冻凝者，皆由地发，不从天降。

雨水在地面蒸发，形成由极细小雨滴组成的云雾，云雾又随大气温度的不同而凝结为雨、雪，地面的水汽凝结为霜、露。这表明人们认识到水的状态变化与气温的关系。汉代刘熙在《释名·释天》中明确地指出，雪是"水下遇寒气而凝"；《荀子·劝学》说："冰，水为之而寒于水。"这些观察、记载，正是在不同气温条件下，水的液态、气态和固态三相变化的情况。古代炼丹家还清楚地知道水银的状态变化。葛洪在《抱朴子·内篇·金丹》中说："丹砂（即固体 HgS——引者注）烧之成水银，积变又还丹砂。"明代王夫之在《张子正蒙注·太和篇》也说："汞见火则飞，不知何往，而究归于地。"这些记载，说明物质状态虽常有变，而物质总量是守恒的。

然而，与天气造成的物态变化相比较，砚盒中的物态变化是在常温下发生的，而且是在一个小环境中可以给人们做出演示实验的典型事例。

顺此，我们再分析一个不为人所注意的文房中的用品：一根小小的竹管或铜管，用于从水瓶中取水滴到砚台之中，古代人称之为"铜水滴"。其法：用手指头压住铜水滴的上端，使其另一端伸进水瓶之中，在大气压的作用下，水进入竹管或铜管；然后，继续按住（也即堵塞）它的上端，提起铜水滴，管内的水就可以被移到任一地方。如今中学物理、化学实验室中向学生演示大气压强的一根玻璃管，即与此类似。在今天的实验室里，它被称为"滴定管"或"滴量管"。

古代的铜水滴与今日的滴定管的功用完全一致。宋代俞琰在《席上腐谈》中写道：

即如铜水滴，捻其窍则水不滴，放之则滴。

唐代王冰在《黄帝内经·素问》卷二十的注中写道：

虚管溉满，捻上悬之，水固不泄，为无升气而不能降也。空瓶小口，顿溉不久，为气不出而不能入也。

如此等等记载，表明中国人已经通过经验知道了大气压的种种现象。但他们的理论解释并不正确：以为铜水滴一类虚管，在其上端（窍）被按住后，其中的水所以不下落，是由于外界的气没有升入管中。那时候的人们尚未真正知道大气存在压强。

六、烧窑与火候

烧制砖瓦陶瓷是中国技术传统的重要部分。中国是陶瓷的故乡，宋代瓷器业高度发达并非常普及，产生了有影响的八大窑系，即北方定窑系、磁州窑系、均窑系和耀州窑系，南方景德镇窑系、越窑系、龙泉窑系和建窑系。考古发掘的窑址几乎遍布全国各地。宋元时期还有另外一些著名的陶瓷生产基地，如汝窑等。他们各具特色，彼此辉映。古代陶瓷工艺技术精湛、艳丽多彩。

如何控制烧窑的温度？在无温度计的古代，会有困难吗？明代宋应星在《天工开物·陶埏》中就烧制砖瓦的过程这样写道：

凡砖成坯之后，装入窑中。所装百钧则火力一昼夜，二百钧则倍时而足。凡烧砖，有柴薪窑，有煤炭窑。用薪者出火成青黑色，用煤者出火成白色。凡柴薪窑，巅上偏侧凿三孔以出烟火；足止薪之候，泥固塞其孔，然后使水转锈。凡火候，少一两则锈色不光；少三两则名"嫩火砖"，本色杂现，他日经霜冒雪，则立成解散，仍还土质。火候多一两，则砖面有裂纹；多三两，则砖形缩小拆裂，屈曲不伸，击之如碎铁，然不适于用。……凡观火候，从窑门透视内壁，土受火精，形神摇荡，若金银熔化之极然。陶长辨之。

烧砖瓦如此，烧陶瓷亦相似。宋应星在此运用了"火力""火色""火候"及"观火候法"等名词，并且以度量衡中的斤两作为单位衡量"火候"。这在一个不熟悉中国文化的读者看来，真莫名其妙。因为，在这里通篇似乎未曾涉及温度的概念及温度的高低，而"温度"与"斤两"之数也似是风马牛不相及。

然而，宋应星的记述确是中国烧窑工人制造陶瓷、砖瓦的真实记录。几千年来，中国人以观察火候法制成了闻名世界的陶瓷器；即使进入近代科学、有各种温度计的历史时期，欧洲人烧制的陶瓷在中国的产品面前也是黯然失色的。这表明，观察火候的方法并非子虚乌有，而是有其科学道理的。

"火候"一词，在今天常被用于表示事物的环境气氛。它的本意是观察发热物体的火焰颜色。今天的热学中，大家知道，某一炽热物体的红光与白光代表其温度相差甚大的两个不同发热阶段，发白光时的温度极大地高于发红光时的温度。宋应星虽未涉及温度的概念，但他和他的前人、陶瓷工人都知道火焰颜色：柴窑火色为青黑色，煤窑火色为白色。显然，煤的燃烧温度要大于木柴杂草的燃烧温度。善于辨别火焰颜色是烧制砖瓦陶瓷获得成功的一个重要环节，熟练的陶瓷工人或陶长无疑具有这样的丰富经验。"火候"实际上就是古代人创造的一种依靠经验进行的高温目测技术。虽然，它很大程度上依靠经验，亦未曾标出温高的具体数值，但它却有充分的科学性。

早在战国时期，《考工记》就记述了冶铸青铜（"金"）的火焰颜色：

凡铸金之状，金与锡，黑浊之气竭，黄白次之；黄白之气竭，青白次之；青白之气竭，青气次之。然后可铸也。

这意思是，在熔炉中加入铜矿和锡矿而进行熔铸的过程中，首先熔化、挥发的是那些不纯杂物，呈现"黑浊"焰色；然后，熔点较低的锡或其矿中杂质硫熔化并挥发，呈现"黄白"色；随炉温升高，铜熔化并挥发，呈"青白"色，铜与锡此时成青铜。进而炉火纯青，便可开炉铸造。明代朱载堉对这段文字做了如下解释：

至于火候、气色，乃铸工之细务，亦必详言之。曰凡用金之为器，必和之以锡。初炼之时，火色黑浊者，秽杂尚多也。炼去秽杂，火色变而黄白，亦未净洁也。熔炼既久，变而青白，稍净而未净也。白色尽去，火色纯青，则其炼之至精，然后可用以铸焉。[1]

这些解释是以矿物中的污秽、杂质是否熔化、挥发即去净为火候变化的根本依据。其中有一定道理。就白炽物体而言，其受热发白炽光的过程大致是：初呈暗红色；温度增高，次第呈橙色、黄色，终呈白色。当杂质均已挥发之后，铜与锡呈白炽状态，发出白炽光。它与高温火焰的青蓝色结合时，就只见青色火焰光了。故而常言"炉火纯青"，以形容人的技艺、学问等到了纯熟完美的境界。

火候观察法，不仅被历代烧窑工人所沿用，也被炼丹家和药物学家所发展。陶弘景在其《名医别录》中说，消石"烧之，紫青焰起"。消石即硝酸钾，其火焰呈青紫色。他认为消石与"朴消大同小异"，但朴消（硫酸钠）

1　朱载堉：《律学新说》卷四《嘉量第二》。

焰纯黄。近代鉴别钠、钾还常以其火焰颜色作为判据：前者纯黄，后者青紫。唐代苏恭曾指出，矾石中有"绛矾，本来绿色，烧之乃赤。故名绛矾"。唐代陈少微在《九还金丹妙诀》中述及"销汞"（HgS，或称汞硫合金）烧之"忽有青焰透出"。各种物质不同特征的火焰色及其所对应的不同温度，成为近代光谱学中鉴别物质的方法之一。

"火候"一词可能形成于唐代。段成式在其《酉阳杂俎·酒食》中说：

> 贞元中，有一将军家出饭食，每说物无不堪吃，唯在火候，善均五味。

上引明代宋应星《天工开物》文，述及观火候法时指出："从窑门透视内壁"，见窑壁之土在高温下"形神摇荡，若金银熔化之极然"，就表明烧砖的温度达到了。至于其火候"多一两"或"少一两"之说，并非单指燃料的多少，而是与燃料性质、燃料多少、是否充分燃烧、燃烧时间等因素均有关系。它是一种"经验"，而不是燃烧温度的科学定量。即使在今天，虽已有许多先进的高温测量术和测温计，但在烧制砖瓦陶瓷的实践中，工人用以掌握火候的目测高温术，仍然是难以完全替代的。

顺便指出，温度计是 17 世纪的发明。在它发明之前，古代东西方都没有定量的温度的概念。然而，古代中国人最早发现人的体温，特别是人体腋下的温度，是最恒定的温度，并以此衡量诸如制奶酪、豆豉、焙烧茶叶的工艺流程和养蚕室所需的温度。例如，北魏的贾思勰在《齐民要术·养羊篇》中曾指出，牧民做奶酪，使奶酪的温度"小暖于人体，为合适宜"；他又说，做豆豉，"大率常欲令温如腋下为佳"，"以手刺豆（豆豉）堆中候，看如腋下暖"。虽然古代人尚不知健康人体的腋下温度为 37℃，但他们以此衡量工艺流程和养蚕室必要的温度，不能不令人赞叹！

第五章　电和磁的知识

琥珀与静电知识

兵器、塔刹、屋脊吻兽与尖端放电

从铁矿遗址说到司南

从针碗说起

方位针碗与罗盘

一、琥珀与静电知识

琥珀是一种透明树脂化石，属非晶态物质。考古发掘的历代琥珀甚多。早在殷代，人们将琥珀、绿松石、玉和骨的制品串联在一根绳线上，当作装饰品。在河北定州 43 号汉墓中发现琥珀被雕成鸟、兽、蛙等动物形象，共24 件，均为玩赏品；此外，还有琥珀坠、琥珀珠。在洛阳伊川鸦岭唐齐国太夫人墓中出土了雕刻成鸟形、云形、飞凤、雁首的琥珀饰，值得注意的是，还有琥珀做成的梳脊。1970 年，在西安南郊何家村发现了唐代遗留下来的大量的贵重药物，其中就有琥珀（见图 5-1）。

图 5-1　唐代琥珀药材

　　琥珀，古籍中常作"虎魄""虎珀"。从历代琥珀文物看，大多用作装饰品或玩物。由此人们会立刻想到玩赏琥珀制品时可能产生的静电吸引现象。尤其是将它制成梳脊，在梳理头发时极易与人的头发、皮肤摩擦而起静电。头发将飘竖起来，甚至会发出闪闪光亮与爆裂放电声。静电现象由此发现，静电知识由此产生。

　　《三国志・吴书・虞翻传》裴注：

　　　　（虞）翻少好学，有高气。年十二，客有候其兄者，不过翻。翻追
　　　　与书曰："仆闻虎魄不取腐芥，磁石不受曲针，过而不存，不亦宜乎。"
　　　　客得书奇之，由是见称。[1]

　　这段文字旨在描述少年虞翻的才气。然而也透露出人们已有一定的静电、静磁知识。人们已知琥珀经摩擦后能吸引芥草，磁石能吸引铁针。但是，一旦芥草腐烂了，即其中含有水分，带静电的琥珀就不能吸引它。以现在的电学语言说，含水分的芥草已成为导体，自然不能被静电吸引。同样，磁石并不吸引由软金属制成的容易被弯曲的针，例如黄金制成的针。访客见少年虞翻如此书写便条，自然感到惊奇。而虞翻书中一个"闻"字，表明当时人们已普遍知道静电、静磁的知识。

　　此后，琥珀的静电现象成为人们判别真假琥珀的标准。明代李时珍《本草纲目》引刘宋时期雷敩《炮炙论》说：

　　　　琥珀如血色，以布拭热，吸得芥子者真也。

1　参见《三国志・吴书・虞翻传》，中华书局版，页 1317 注一。

《本草纲目》引南朝陶弘景《名医别录》说：

> 有煮㪷鸡子及青鱼鲊作（琥珀）者，并非真。惟以手心摩热拾芥为真。

"㪷（duàn）鸡子"指孵不出小鸡的鸡蛋。"青鱼鲊"即鱼籽。它们外表似琥珀，但不是琥珀。李时珍说：

> 琥珀拾芥，乃草芥，即禾草也。雷氏（即雷敩）言拾芥子，误矣。

类似记载，举不胜举。需要指出的是，芥子比草芥稍重，但只要静电力足够大，干燥的芥子也能被琥珀吸引。雷敩之言并不误。雷敩用布摩擦琥珀可能比平常用手产生的静电强，因此他发现了吸引比草屑（芥草）更重的草籽（芥子）的现象。

同琥珀类似，人们也发现了玳瑁的静电吸引现象。玳瑁，是一种类似龟的海生爬行动物，其甲壳也叫玳瑁。古籍中常写为"瑇瑁""瑇瑁""顿牟"等。王充在《论衡·乱龙篇》中写道：

> 顿牟掇芥，磁石引针，皆以其真是，不假他类。他类肖似，不能掇取者，何也？气性异殊，不能相感动也。

晋代司空、文学家张华在其《博物志》中最早记述了以梳子梳理头发时静电放电的闪光与声音。他说：

> 今人梳头、脱着衣时，有随梳、解结有光者，亦有咤声。

梳头的梳子，当然是干燥的木梳、漆木梳或如前述琥珀梳。木梳与漆木梳在历代墓葬中屡有出土。丝绸是古代中国的象征。穿着丝绸或皮裘的人，在夜晚或漆黑处猛然解扣脱衣服时，常见其静电闪光，并听到放电的声音。张华客观、如实地记下了这一现象，但这一现象在当时并不为人们普遍了解。《晋书·五行志》记载了这样一件事：晋永康元年（300 年），即张华卒年，晋惠帝司马衷纳羊氏为后。羊氏入宫就寝，侍人为其解脱衣服。或许是一时解脱过猛，或许是侍人将脱下的衣服抖了一抖，"衣中忽有火，众咸怪之"。这个自然现象被当成一件怪事从后宫传出，又被史学家记于《晋书·五行志》中。古代中国如此，古代欧洲也如此。17 世纪，英国科学家玻意耳（R. Boyle，1627—1691 年）曾在一个戴假发的小姐头上看到假发竖起，亦感到惊奇。一向腼腆的玻意耳大胆要求在这位小姐头发上做实验，从而发现假发与手摩擦产生静电吸引现象。

在张华之后，唐代段成式发现猫毛、宋代张邦基发现孔雀毛、明代张居正和都卬分别发现貂皮及绫罗绸缎等物体的摩擦起电现象，他们都看见了放电火光并听了声音。

顺此，我们转录一个鬼故事。它是南宋初年人郭象在其《睽车志》卷六中讲述的。该故事以静电知识为据，大胆地反对宗教迷信。郭象写道：

刘先生，河朔[1]人，年六十余，居衡岳[2]紫盖峰下。……尝至上封[3]，归路遇雨，视道边一冢有穴，遂入以避。会[4]昏暮，因就寝。夜将半，

1　河朔，黄河以北。

2　衡岳，衡山。

3　上封，上封寺，在衡山祝融峰顶。

4　会，适值、时当之意。

睡觉[1]，雨止，月明透穴，照圹中历历可见。甓甃[2]甚光洁。北壁惟白骨一具，自顶至足俱全，余无一物。刘方坐起，少近视之，白骨倏然而起，急前抱刘。刘极力奋击，乃零落堕地，不复动矣。刘出，每与人谈此异。或曰：此非怪也。刘真气壮盛，足以禽附[3]枯骨耳。今儿童拔鸡羽置之怀，以手指上下引之，随应；羽稍折断，即不应。亦此类也。

"枯骨抱人"，是鬼怪小说中流传极广的故事。在当时的历史与文化背景下，故事的作者不可能直接指出它的荒诞，但他将故事最后归结为静电感应现象却令人佩服不已。鸡毛与人的皮肤摩擦会起电，然后因静电吸引，鸡毛随手指上下移动。故事作者以一种科学现象粉碎了可怖的鬼神之说。

二、兵器、塔刹、屋脊吻兽与尖端放电

古代兵器戈戟刀剑等都有锋利的尖刃。考古出土历代铜质或铁质兵器，种类繁多。出土的兵器，虽木柄大多腐烂，但从某些文献记载看，有些刀、矛、戈、戟的柄长可达 3～6 米。位于甘肃西部河西走廊的嘉峪关是通往西域的必经之路，为历代兵家所重。从嘉峪关魏晋壁画墓中可以看到当时战争、屯营的情境，刀枪林立于营寨旁（见图 5-2）。

高耸的古塔，或砖石结构，或木结构，或砖木结构，大多有塔刹。许多塔的塔刹是金属制成的。如山西应县木塔 67 米高（见图 1-37、图 1-38），铁制塔刹全长 14.21 米，伸出塔顶长为 9.91 米。又一说，以木柱为干、砖石固砌，又自下至上套装铁铸的"仰莲、复钵、相轮、火焰、仰月及宝珠

---

1 睡觉睡醒了。
2 甓甃，坟墓中砖壁。
3 禽附：吸引、黏合。

图 5-2　嘉峪关西晋屯营壁画

等"，最顶尖为伸出的铁条。还以铁链八条加固塔刹，分别系于各空角垂脊末端（见图 5-3）。建成于宋真宗咸平五年（1002 年）的浙江松阳延庆寺塔，为砖身木檐楼阁式七层建筑，其"刹上杆木起固定铁质刹件的作用"（见图 5-4）。完工于辽兴宗重熙十八年（1049 年），位于今内蒙古巴林右旗的庆州白塔，总高 73.27 米，其中刹高 14.92 米。塔刹为鎏金铸铜件。用以加固刹顶的铁链底端，安装有铸铜鎏金力士像，以拉住链条（见图 5-5）。包括链条在内的整个塔刹结构宛如一把半开的雨伞。

图 5-3　应县木塔塔刹

图 5-4　浙江松阳延庆寺塔塔刹

图 5-5　庆州白塔塔刹

　　中国传统的房屋建筑，尤其是皇家宫殿亦颇具特色。除木结构主体外，屋顶形状类似帐篷，屋脊上装饰吻兽，吻兽口内伸出一根指向天空的金属条，蔚然壮观。

　　大量的兵器与建筑文物提供了了解古代人关于尖端放电现象的知识的实物资料，也证实了古籍中有关记载的真实性。

　　大约从汉代起，人们就观察到长兵器尖端的放电现象。据《汉书·西域传》载，汉平帝元始年间（1—5 年），为开辟一条通往玉门关的近道，汉王朝与车师后王国发生了一场小小的战争。在那备战的日日夜夜，车师后王姑句的兵士看到"姑句家矛端生火"。据《晋书·五行志》载，晋惠帝永兴元年（304 年），成都王发动叛乱，攻长沙，陈兵于邺城。夜里"戈戟锋皆有火光，遥望如悬烛"。《金史·五行志》载，金太祖收国元年（1115年）十二月丁未，"上候辽军还至熟结泺，有光复见于矛端"；金哀宗天兴元年（1232 年）七月庚辰，"兵刃有火"。《元史·五行志》载，元顺帝至正二十一年（1361 年）正月癸酉，"石州大风拔木，六畜皆鸣。人持枪矛，忽生火焰，抹之即无，摇之即有"。类似记述举不胜举。

　　至于塔刹和屋宇脊端吻兽的放电现象，也不乏记录。《元史·五行志》说：

> 至正二十八年（1368 年）六月甲寅，大都（今北京）大圣寿万安寺
> （旧名曰白塔寺）灾。是日未时，雷雨中有火自空而下，其殿脊东鳌鱼口
> 火焰出，佛身上亦火起。

光绪四年修《嘉兴府志》卷三十五《祥异》载：

> 万历三十九年（1611 年）六月三十日，夜，东塔放金光，若流星
> 四散。

有趣的是，1960 年某雷雨夜，杭州六和塔塔顶各个尖端持续冒火，当
时该塔未装避雷设备，人们以为电线走火。消防车赶至现场时，火已熄灭。
事后检查亦一切正常。由此可推知，古代的有关记载是真实的。

根据这些关于放电现象的记载，有人提出，古建筑具有消雷功效。因为
塔刹、加固链条或铁条，使整个塔顶（或屋顶）类似一具撑开的雨伞，基于
"伞状式电离子发生器"的原理，在较强的大气电场中，它能使其周围电离
子通过它而消散。另有一说，如应县木塔长期未遭雷电袭击，是由于其地基
建筑具有绝缘避雷的效能，整个塔身形同现代绝缘子，故此雷电前峰通道一
般不向塔身推进。

文物与历史文献表明，古代中国人最早发现了尖端放电现象，这是毫无
疑问的，而古建筑是否具有避雷功效，迄今尚有不同看法。在此，我们要谈
及一件极为有趣的历史事件：中国古建筑避雷问题，是 300 多年前由来华传
教士、葡萄牙人安文思（Gabriel de Magalhâes，1609—1677 年）最早描
述的。他的记述比美国富兰克林在 1752 年提出用避雷针保护建筑物的建议

要早约一个世纪。

　　安文思，字景明，13 岁进耶稣会。1636 年被耶稣会派往印度果阿，在该地教授哲学。1640 年入华。他精通机械，又曾深入中国各地传教，最后定居四川。他曾受到清顺治帝的赏识，被赐予教堂和传教经费。顺治帝死后，他被控行贿罪并两次受刑。因一次大地震之故，被赦免。后来，在康熙帝的保护下，他平静地度过晚年。他死后，康熙帝还为他撰写墓碑碑文。他在 1668 年前后完成了两本著作：一是《论中国的文字和语言》，一是《中国的十二大奇迹》。后一书于 1686 年分别被译成法文和英文。法文本题为《中国的新关系：关于这个大帝国最优秀成就的描述》（巴黎，1688 年，四卷本），英文本题为《中国新史：包括这个大帝国最重大特色的描述》（伦敦，1688 年，四卷本）。它们成了欧洲人了解中国的经典著作。直到 1953 年，克洛德·罗伊（Claude Roy，1915—1997 年）在撰写《镜中中国》（La Chine dans un miroir）一书时还征引了其中的许多内容。

　　根据克洛德·罗伊的征引，在《中国的十二大奇迹》中有段关于中国建筑避雷的文字写道：

　　　　用琉璃瓦做成的屋顶犹如玻璃镜一样闪亮。屋角以动物头上角须的形式直指天空，这些动物是该帝国中最受尊崇的龙。屋顶的形状类似于汉代人曾经居住过的帐篷。帐篷固定在一个矛状物上，它们的各个角向上弯曲而指向天空。现在以砖瓦砌成的屋顶仍然模仿汉代人的建筑物。巨兽的舌头指向空中。其腹内穿过金属条，金属条一端插入地里。这样，当闪电落在屋上或皇宫时，闪电就被龙舌引向金属条通路，并且直奔地下而消散，因而不致伤害任何人。人们可清楚地看到，这个民族极有智慧，他们知道，如何以自己的劳动成果将美和实用结合在一起，如何将聪明睿智寓于精致的工艺之中。

　　安文思在中国生活了 37 年，旅行过中国的许多地方，与当时的中国学者有着广泛的来往联系，也必定目睹了许多宫殿、庙宇和寺塔。他的记述理应可靠。尤其是吻兽口内铁条一直插入地下，虽不可能全部建筑物普遍如此，是否有可能其中的一些是这样做的？值得注意的是，当时在整个欧洲尚未产生任何避雷或建造避雷针的思想或概念，因为第一个提出避雷的物理概念并发明避雷针的富兰克林，是在安文思撰写有关著作之后 40 年才出生的。而安文思的记述也绝不是他本人的想象，尤其是通过那条金属通路，雷电可以被引向地下而消散的观念，无疑是当时中国人的看法。可以说，避雷针的想法和设计思想渊源于中国。

　　奇怪的是，迄今我国的考古文物界尚未发现类似 350 多年前安文思所描写的建筑物。屋脊吻兽口中的那根铁条、塔刹的金属条或加固铁条等，是否连接到地面上，似乎已有否定的结论。会否发生这样的情况：极为稀罕的或某一座建筑物上的那些接地铁条，在历经社会动乱、贫困与灾难之中的 300 多年间，有被破坏、盗窃的种种可能？何况盗墓之类在中国历史上是司空见惯的呢。

三、从铁矿遗址说到司南

　　颇有趣的是，大约 4 万年前的山顶洞人利用赤铁矿作颜料和装饰品。赤铁矿（Fe_2O_3），古称代赭石，别名须丸、血师。它如此早地进入人类生活之中，预示了中国人日后有关冶铁技术、指南针等方面的发明与发现。因为在选取铁矿中自然会遇上磁铁矿（Fe_3O_4，古称慈石、玄石），而它是制造指南针的原料。

　　从考古发掘报告可知，在我国进入铁器时代之前，从商至春秋时期的冶铜遗址中，铜矿与铁矿常混合在一起，铜渣中的氧化铁含量极高，有的高达

40% 左右。在江苏六合程桥一号墓出土了春秋晚期人工铸造的铁条、铁块。多处春秋战国时期铁器的发现，预示中国此时从铜器时代向铁器时代过渡。磁铁矿及其吸引其他铁类物质的现象，完全有可能在此时期被人们所发现。人们称磁铁矿为"慈石"（《管子·地数》），正是在战国时期。西汉为我国铁器时代开始的岁月。考古界发掘了许多属于此时期的冶铁遗址。1959 年发现的河南巩县（今巩义市）铁生沟汉代冶铁遗址，面积达 1 万多平方米，出土大量炼炉、铁料、炉渣与矿石。1960 年在河南鹤壁发现的汉代冶铁遗址中有 13 座椭圆高炉。1975 年在郑州古荥镇发现的汉代冶铁遗址达 12 万平方米，有两座炼铁炉基、大积铁块、矿石堆、炉渣堆、陶范以及与冶铁相关的各种重要设施的遗迹。无须再多列举考古发掘的遗址，从这些例子中，人们不难想到，中国人发现磁石的物理特性，并在世界上最早发明指南针，是和冶铁业的先进发达密切相关的。

磁铁具有彼此吸引和排斥的性质，条形磁铁还有指极性，即指向地磁南北两极方向的特性。

《管子·地数》根据人们开采矿山的实践，曾对各种矿藏并生的现象有所陈述，它指出："上有慈石者，下有铜金。"人们将磁铁矿称为"慈石"，其原因是它的吸铁现象"如母之招子焉"。《吕氏春秋·季秋纪·精通篇》说："慈石召铁，或引之也。"汉代高诱对此注曰："石，铁之母也。以有慈石，故能引其子。石之不慈者，亦不能引也。"磁铁的吸引性质确是最早被人们发现的矿石特性之一。

鉴于在某些地方盛产磁石，因此古代中国人将这些地方称为"慈州""慈山"。以矿名命名地名，成为古代中国地名学的一个特征。在欧洲，称磁石为 magnet。按照古罗马诗人卢克莱修的说法，magnet 一词来源于 Magnesia。据说是在小亚细亚靠近 Magnesia 的地方发现了磁铁矿的缘故。欧洲人是以地名命名矿名的。在这方面，中西二者真是相异其趣。

任一条形磁铁都具有两极：南极和北极。异性的两极接触，则相互吸引；同性的两极接触，则互相排斥。汉代方士对磁石的这一特性有较深入的了解。他们将磁石做成小长方形棋子，表演斗棋术。《史记·封禅书》记述了胶东方士栾大向汉武帝献斗棋术，"棊自相触击"——"棊""棋"，古今相通；"触"，接触，是磁铁异性极相互吸引造成的；"击"，打击，是磁铁同性极彼此排斥形成的。汉淮南王刘安主编的《淮南万毕术》将前者描述为"慈石提棊"，将后者描述为"慈石拒棊"。一"提"，一"拒"，很好地表现了磁石两极的彼此作用。

自从本草药物学家将磁石入药之后，磁石的物理特性受到更广泛地注意。刘宋时雷敩按照磁感应强度试图将其分类，他说：

> 一斤磁石，四面只吸铁一斤者，此名延年沙；四面只吸得铁八两者，号曰续采石；四面只吸得五两以来者，号曰磁石。[1]

在本草药物学家看来，不同吸铁能力的磁石有不同药性，对它们进行分类是对症下药的需要。他们的分类法可以看作现代磁性材料分类之肇始。尤其值得注意的是，唐代苏恭在《唐本草注》中说：

> 磁石中有细孔，孔中黄赤色。初破好者能连十针，一斤铁刀亦被回转。[2]

在这里，人们已将磁石与铁针相联系，表明指南针的发现和应用为时不远。再则，苏恭指出"初破好者"的磁石才有他所记述的磁场强度，若磁石一而再地被切割、雕琢，就有可能失去其磁性。这在加工磁铁的工艺过程

1　唐慎微：《证类本草》卷四《玉石部·磁石》引《雷公炮炙论》。
2　同上卷四《玄石》引《唐本草注》。

中，是应当引起人们注意的。

发现磁石吸铁、吸针，也就是发现了磁感应现象。与此同时，人们也发现了磁石不能吸引的物质。《淮南子·览冥训》说："若以慈石之能连铁也，而求其引瓦则难矣。"同书《说山训》又写道："慈石能引铁，及其于铜，则不行也。"

魏时曹植还发现磁石不吸引黄金[1]。铜与金都是抗磁性物质，它们的磁化率为负值，因此不被磁铁吸引。《淮南子·说山训》的记述可以看作是对抗磁性的最早发现。砖瓦的结构成分比较复杂，或许它是磁化率远小于 1 的弱性物质，磁体对它的吸引力不足以克服它的重力，因此吸不动它。

磁石的作用可以在相当一段空间距离内发生，而不必相互接触。这种现象被晋代人称为"磁石吸铁，隔阔潜应"[2]。这是关于电磁"超距作用"的最早叙述。事实上，磁体周围存在着一定强度的磁场。

磁石虽不能吸引铜，但它可以透过铜板而吸引铜板上的铁屑。古代中国人虽对此未有明确记载，可是他们发现并提出："磁石吸铁，隔碍潜通。"[3]也就是说，某些物质不能阻碍磁作用。这个认识可能起源于以磁石治疗耳聋等疾病。在病耳置磁石，不病的另一耳置铁砂，这虽然不能真正治好耳聋，但古代人由此认识到骨肉不能阻隔磁作用。他们认为这是"阴阳相感，隔碍相通之理"[4]。"隔碍相通"或写为"隔阂相通"。

那么，什么东西可以隔断磁作用而使它不相通呢？清初，人们终于发现了磁屏蔽现象。清代刘献廷在其《广阳杂记》卷一中写道：

---

1 《曹子建集》卷五《矫志》。
2 郑思远：《真元妙道要略·证真篇》，见《道藏》第 956 册《洞神部·众术类》。
3 刘献廷：《广阳杂记》卷一。
4 蒋一彪：《古文参同契集解》卷上引宋陈显微语，俞琰语。

磁石吸铁，隔碍潜通。或问余曰："磁石吸铁，何物可以隔之？"犹子阿孺曰："惟铁可以隔耳。"其人去复来，曰："试之果然。"

刘献廷（1648—1695 年），字继庄，号广阳子，顺天大兴（今北京）人。其著《广阳杂记》在其卒前成稿，后经他人编辑成书。他的侄子阿孺知道，铁可以隔断磁作用。虽未详述如何隔断，但经他人实验确有其事。我们知道，将铁放进带有厚壳的封闭的铁罩内，其外的磁铁就不能吸引它。这种现象今日称为"磁屏蔽"。1786 年，法国物理学家库仑（C. A. de Coulomb，1736—1806 年）报道了导体对它内部的屏蔽作用。但是，后来人们忘记了他在这方面的工作，竟将磁屏蔽与法拉第（M. Faraday，1791—1867 年）的名字联系在一起。事实上，库仑的前辈，包括中国的刘献廷都在磁屏蔽上有所发现。刘献廷也许是最早的发现者。

古代人从铁矿藏地或冶铸之地拣集了大量天然磁石，用于医疗、建筑和战争之中。在医疗方面，以磁石炼水、泡酒、熬粥、缝制于枕内，而分别成为今日所谓的磁化水、磁化酒、磁粥、磁枕；将磁石粉入中药以医治各种疾病也早已有之。在建筑方面，秦始皇建造阿房宫，以磁石为门，防止怀刀刃铁甲者进入。在战争方面，《晋书·马隆传》载，晋大将马隆与羌戎战于西北地区，马隆曾以磁石累夹道，阻滞羌人进军。据清代朱琰《陶说》载，制造白瓷的陶瓷工人，往往用吸铁力大的上好磁石在釉水缸中旋转，以便吸除釉中氧化铁、氧化钛等杂质，从而提高瓷器的洁白度与透明度。

从磁石的拣集和运用中，经过一定程序的琢磨，古代人还将它做成了磁性指向器，称为"司南"。这是中国人运用磁石的又一项重大发现。

大家知道，地球是一个大磁体，它有南、北两极。在地球上悬吊一条形磁铁，受地球磁场的作用，磁铁的南极就指地磁北，北极则指地磁南。这也是指南针的基本原理。司南是原始的指南针。王充《论衡·是应篇》载：

司南之杓，投之于地，其柢指南。

按王振铎考证与复原，将天然磁石琢成圆底的瓢勺形状，放在古代栻占用的铜质光滑的地盘上，经旋动而静止时其柄指向南或北。《论衡》中的"地"指"地盘"，"柢"指勺柄。其复原模型如图 5-6 所示。

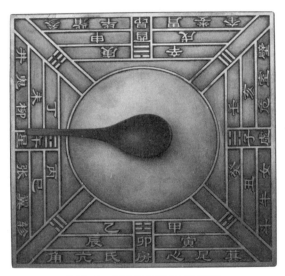

图 5-6　王振铎复原的司南模型

这种磁性指向器理应极小，其外形类似勺子，其柄可能也是小小的细长形，未必如同生活中所用的勺一样大。除了司南的底部因需要转动而做得光滑外，其他处也可能比较粗糙。还有许多人担心，天然磁石经雕琢、打磨会失去磁性；却很少人同时考虑到，经过用力不大的雕琢，原本无磁性或磁性不大的磁石反而可能产生或加强其磁性。因为天然磁石的磁性有无、大小决定于其本身的磁畴排列。在敲打琢磨的过程中，容易使其磁畴排列从有序到无序，从而去磁；也有可能使其排列从无序到有序，从而加强磁性。

当然，司南的制造也可能追溯至战国时期。《韩非子·有度》曾说过"先王立司南以端朝夕"等语。大概从汉代或战国发明司南之后，直到唐代，人们曾不断地制造并使用司南。例如，梁元帝萧绎在其《玄览赋》中写道：

> 见灵鸟之占巽，观司南之候离。[1]

"灵鸟"与"司南"相对，同是指物；"巽"与"离"相对，同是八卦的两个方向：前者为东南，后者为正南。"观司南"表明，萧梁朝时期尚在使用这种磁性指向器。唐代吏部侍郎韦肇（生年不详，卒于766—780年间）在其《瓢赋》中也写道：

> 挹酒浆，则仰惟北而有别；充玩好，则校司南以为可。有以小为贵，有以约为珍。瓠之生莫先于晋壤，杓之类奚取于梓人。[2]

唐代有人忙于"校司南"以"充玩好"。"校"暗含制作之意，司南之所以要"校"，除了地磁偏角因素之外，尚有许多工艺技术上的问题。"杓之类奚取于梓人"是句双关语。"梓人"指木工。匏瓜是农民所种。司南类似由匏剖成的勺子，但是非梓人刀削之，而是由金工所为。这些文献，表明汉代之后，司南并未失传。有一些文章不同意王振铎生前依据《论衡》复原的司南，但这些文章的论据尚不充分，不足以推翻王振铎之说。

司南是以磁石直接制成的，下面我们将要谈及的指南针则是以磁感应原理做成的。

1《全上古三代秦汉三国六朝文·全梁文》卷十五。
2《全唐文》卷四三九。

四、从针碗说起

所谓"针碗"是专供放置磁针的瓷碗。当该碗内置水，磁针及其载体灯草就可以漂浮在水面上。近几十年出土了许多这样的文物。

1957 年在河北邯郸峰峰矿区属于宋元时期的磁州窑遗址中出土了绘有"王"字的瓷碗和残片，"王"字的写法是三大点中贯一细竖。1959 年河北省文化局文物工作队的《观台窑址发掘报告》对 1957 年的发现地层、碗形和断为元代的文物做了记述与讨论。1958 年，在旅大市（现旅顺、大连）甘井子地区金元墓葬中同样出土了"王"字碗，而且碗外底有"针"字样（见图 5-7）。在江苏丹徒也有类似文物出土。1975 年，又在磁县南开河村的东漳河故道上发现了六艘元代沉船，沉船内也有相似的"王"字瓷碗。王振铎对这些文物的研究表明，这就是历史上的针碗，"王"字实乃磁针及其载体的描画。

尚需补充的是，1992 年和 1993 年，在吉林双辽辽金墓葬中还出土了

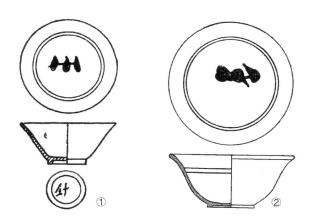

图 5-7　针碗：①旅大甘井子金元墓葬出土；
②吉林双辽辽金墓出土

"王"字碗及其残片（见图 5-7）。报道称，该碗圆唇，白釉，壁外釉不及底，碗内底纹饰如图 5-7 之②所示，腹内中部饰两道弦纹，口径 19.4 厘米，底径 7.2 厘米，高 8.4 厘米。同墓还出土有晚至崇宁（1102—1106 年）、建炎（1127—1130 年）时期的铜钱，故断代为辽金时期。

从以上出土文物可见，针碗分布于江苏至吉林的广大地域，在时间上从两宋之际到元代。那么，针碗内的重要部件磁针以及有关的磁偏角等物理知识是怎样在中国发展起来的呢？

从以天然磁石制作司南到以磁化感应方法制作指南针，在科学方法和科学认识上都是一个巨大进步。由司南向指南针过渡究竟是在哪个历史时期呢？

如前所述，生活于 7 世纪的唐代苏恭已发现磁石"能连十针"，以磁感应现象自觉地制造磁化钢针已为期不远。生活于 8 世纪的韦肇还称制造司南以"充玩好"。虽然如此，9 世纪时的段成式（803—867 年）却在其《酉阳杂俎·续集·寺塔记上》中描述了可能是指南针雏形的东西："有松堪系马，遇钵更投针。""勇带磁针石，危防丘井藤。"磁石与钢针在此以"磁针石"之名同时出现。段成式说，将马系于松树上，找到一钵或一碗以便投下"针"。虽然这些文字记述并不明朗，但可推断，唐代大概是由司南向指南针过渡的孕育阶段；唐宋之际、五代时期完成了这一过渡[1]。因此，入宋之后，有关指南针的文献记载突然丰富起来。

成书于宋代庆历元年（1041 年）的杨惟德《莹原总录》是迄今所发现的确切记载了指南针的最早文献。它记述了地磁偏角，但缺乏对指南针造法的叙述。对磁偏角的记载，表明指南针的使用到当时可能已有百年历史了。紧随其后的是曾公亮的《武经总要》，它成书于庆历四年（1044 年）或此前

1　有人据段成式记载，断定指南针起源于唐代。见吕作昕等所作《中国古代磁性指南器源流与发展史新探》，第二届（1994 年）中国少数民族科技史国际学术讨论会交流论文。

几年。其中记述了以地磁场磁化钢铁片（指南鱼）的方法，在《武经总要》之后约半个世纪，沈括的《梦溪笔谈》问世（完稿于 1086 年之后几年），以磁体磁化钢针的方法、指南针的置放方法，在该书中得以详细记载。此后，关于指南针的文献日益增多。集中于同一朝代问世的有关文献之多，以及它们之间的时距之短，致使我们难断各种指南针及其磁化法哪一个先诞生。

　　我们从曾公亮关于指南鱼的造法谈起。他在《武经总要前集》卷十五中写道：

　　　　若遇天景曀霾，夜色瞑黑，又不能辨方向，则当纵老马前行，令识道路；或出指南车及指南鱼，以辨所向。指南车法世不传。鱼法：用薄铁叶剪裁，长二寸阔五分，首尾锐如鱼形，置炭火中烧之，候通赤，以铁钤钤鱼首出火，以尾正对子位，蘸水盆中，没尾数分则止。以密器收之。用时，置水碗于无风处，平放鱼在水面令浮，其首常南向午也。

　　这段记载相当清楚、具体。需要说明的是以近代磁学知识去理解古人的记述。将"薄铁片"（或许钢片可能性更大，且更好）剪成鱼形片烧红，当炉温高于居里点（约 700℃）时，钢铁磁畴完全被搅乱。而当它蘸水（即淬火冷却）时，磁畴排列重新形成。关键就在于其冷却时"尾正对子位"，也就是说钢铁片的冷却是按地球子午线方向，即地磁南北极方向冷却的，铁片的磁畴就都顺着地磁场方向排列，从而使铁片产生磁性，并且鱼尾对子位即地磁北极，相应地鱼尾就成了南极，鱼头成北极。冷却时铁片"没尾数分"，亦即斜插入水盆中淬火，这恰好利用了地磁倾角，增强了铁片的磁化程度。在理论上，曾公亮和他的同时代人都没有地磁场和地磁倾角的概念，但在实际中他们却充分利用了地磁场和地磁倾角。这样制成的磁化铁片，放入水碗后，自然其头指向地磁南，其尾指向地磁北。做成指南鱼后，所以要"密器收藏"，或将它置于木盒、铜盒之中，是为了免受外界磁铁、碰撞或打击等因素的影响，否则可能发生退磁。

曾公亮制指南鱼不可与南宋陈元靓制指南鱼相混淆，二者制法不同。陈元靓制造指南鱼、指南龟，是直接将磁针装入木形鱼或龟的腹内。他将木载体的指南鱼浮于水中，使其指定方向；将指南龟装于支钉之上，使钉尖撑于龟体的重心线上。如果水浮法是后来水罗盘的始祖，那么，支钉法就是旱罗盘的始祖。

图 5-8 至图 5-10，是王振铎复制的各类指南鱼和指南龟。

沈括在《梦溪笔谈》卷二十四《杂志》中关于指南针的制造及安装记述如下：

> 方家以磁石磨针锋，则能指南，然常微偏东，不全南也。水浮多荡摇；指爪及碗唇上皆可为之，运转尤速，但坚滑易坠，不若缕悬为最善。其法，取新纩中独茧缕，以芥子许蜡缀于针腰，无风处悬之，则针常指南。其中有磨而指北者。余家指南北者皆有之。

在沈括之后大约 20 年，成书于政和六年（1116 年）的寇宗奭《本草衍义》又写道：

> （磁石）磨针锋则能指南，然常偏东，不全南也。其法，取新纩中独缕，以半芥子许蜡缀予针腰，无风处垂之，则针常指南。以针横贯灯心，浮水上，亦指南，然常偏丙位。

寇宗奭除了具体补充沈括记述的水浮法之外，其余均因袭沈说。沈括的记述，不但表明人们充分掌握了以磁感应法制指南针，发现了地磁偏角，而

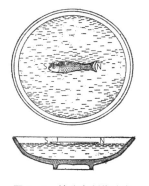

图 5-8　曾公亮制指南鱼
（浮于水面者为钢铁片）

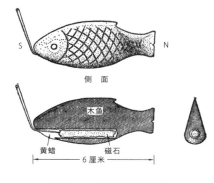

图 5-9　陈元靓制指南鱼
（木鱼腹内为条形磁铁）

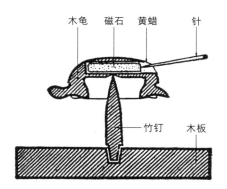

图 5-10　陈元靓制指南龟（木龟内为条形磁铁）

且他和寇宗奭一起共同揭示了指南针的种种安装法（见图 5-11）：水浮；置于指甲或碗唇上；缕悬。其中，缕悬法，即以单根蚕丝悬挂磁针的方法，在科学上极具价值。法国科学院曾于 1777 年悬赏征集船用罗盘的最佳设计方案。其时，法国罗盘普遍使用钉尖托针，或称轴托法，其工作性能极差，受海船颠簸影响极大。库仑以他的《关于制造磁针的最优方法的研究》一文和斯温登（J. H. van Swinden）共同获得了头等奖。库仑在该文中提出了丝悬

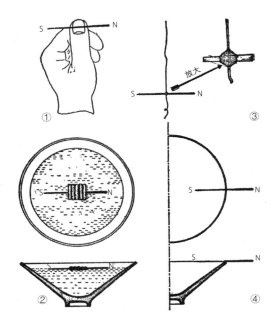

图 5-11 沈括和寇宗奭记述的四种指南针安装
法：①指甲法；②水浮法；③缕悬法；④碗唇法

指南针的方法，比沈括晚了 600 多年。他在这个问题上的研究，导致他在后来还发明了扭秤，用它测量静电和静磁的力。其实，丝悬法的最早发明权应当属于沈括。

从沈括的记述中可见，他发现了指南或指北的磁针，即磁针的针尖端既可能是北极，也可能是南极。这是有关磁体极性的最早发现。对此现象，沈括承认自己"莫可原其理"；他也曾猜测，"恐石性（磁石的性质）亦不同"。这个猜测说对了一半；另一半即关于地球本身是个大磁体的看法，这要等到 1600 年英国吉尔伯特（W. Gilbert，1544—1603 年）通过磁针和磁化小球的实验才得以发现并证实。

地磁偏角的发现不始于沈括。所谓地磁偏角，是地磁子午线与地理子午线之间的偏差，它是地磁的南、北两极与地理上的南、北两极不完全在同一个位置上造成的。地理子午线为地球的正北、正南的连线；而磁针指出的地磁子午线与它有一定偏差，这个偏离位置（或这两条线的交角）的大小是随时间和地理位置的不同而变化的。在中国，最早记述地磁偏角的是杨惟德。他在《茔原总录》卷一中写道：

> 匡四正以无差，当取丙午针。于其正处，中而格之，取方直之正也。

《茔原总录》是一本相墓书。杨惟德生活于 10—11 世纪。该记述中的"丙午"是指罗盘标识的方位，可参见以下有关罗盘图。当子午线为地理北南方向时，丙位在午位东并紧邻午位。杨惟德的记述表明，若要无差错地确定地理四方（"匡四方"）的方位，指南针的方向必取丙午之间。这一记述，不但道出了 10—11 世纪之间，堪舆家已发明了指南针和相应的罗盘，而且在他们的相墓活动中已经发现了指南针的南向与地理南向之间的偏差，也就是发现了地磁偏角。杨惟德虽然没有直接指出这一偏差值，但他从堪舆的实用角度出发，提出了一种以磁针指向来校正地理方位的方法。它自然是堪舆家多年使用指南针定向的总结。

在西方，磁偏角是哥伦布 1492 年在航海中最早发现的，比杨惟德的记述要晚 450 年。

五、方位针碗与罗盘

如果在前述针碗的内底绘画表征方位的文字与圆圈，就可以将它当作罗盘使用（见图 5–12）。这样的针碗，可暂称为方位针碗，或碗式水罗盘。据

图 5-12　方位针碗：①碗内底；②碗中心方位图

报道，故宫博物院收藏的捐赠品中有这种方位针碗，它是回国华侨在南洋收购的；在印度尼西亚和日本都收藏有这种源于我国的方位针碗。这表明，我国的航海仪器早已流散到国外。据鉴定，这种方位针碗是明末清初在闽南、粤北地区烧造的。前述针碗盛行于宋元时期，方位针碗的问世当早于明末，这有待来日考古发掘的实物证明。

　　方位针碗在堪舆和航海中都可以方便地使用。在航海中，针碗尤有优点。此时它并非被置于甲板或桌面上，而是置于后舱的沙堆之中，由"火长"专门掌管。碗底深，水碗在沙堆中也不会因船的颠簸摇荡而翻倒、打碎，沙堆可减缓碗的移动，碗内的水总是平的，所以磁针所受来自航行的干扰就较小。

　　1985 年，在江西临川宋墓中发现了两个"张仙人瓷俑"（见图 5-13），俑高 22.2 厘米，眼观前方，炯炯有神，束发绾髻，身穿右衽长衫，右手持一罗盘，置于胸前。俑底座墨书"张仙人"。墓主为南宋邵武知军朱济南，卒于庆元三年（1197 年），葬于庆元四年。

　　小小的张仙人瓷俑却颇具科学史价值。它表明，在 1197 年之前罗盘已经问世，时为堪舆家手中必备的仪器。从瓷俑表现的竖持罗盘看，它是旱罗盘；从罗盘中央塑有转动中心看，该罗盘安装磁针的方式是回转枢轴。圆形盘面及其方向刻度也十分清晰。这些情况说明，当时人们利用旱罗盘已有很长的一段历史了，制造罗盘的技术也相当成熟。试想，从杨惟德于 1041 年记载堪舆磁针到朱济南于 1198 年安葬，其间已有一个半世纪，旱罗盘必是其间的发明。过去人们以为，旱罗盘是由欧洲或日本传入中国的，现在看来，这种观点必须修正了。

从文献看，现在公认南宋曾三异的《因话录》最早记述了罗盘，时称之为"地螺"。假定曾三异是在其授承事郎的端平年间（1234—1236 年）完稿《因话录》，那么，文献记述的罗盘比迄今所发现的张仙人瓷俑晚约 40 年。

除了上述针碗、碗式罗盘和张仙人瓷俑外，迄今收藏较多的是明清时期制造的各种罗盘。从制作质料看，有漆木制罗盘、铜制罗盘；从安装磁针方式看，有水罗盘、旱罗盘；从用途看，有堪舆用和航海用罗盘。明代，在

图 5-13　张仙人瓷俑

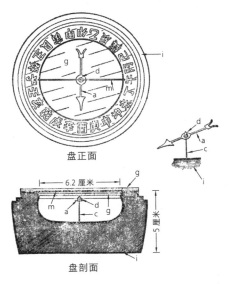

图 5-14　近代温州制航海旱罗盘：a. 磁针；c. 铜顶针；d. 铜顶帽；g. 玻璃片；i. 木盘；m. 铜位准线

许多地方出现了专门生产罗盘的作坊，其中，以安徽生产的徽盘和福建生产的建盘最为著名。水罗盘的盘心有一圆池，供盛水放针用；旱罗盘的安装方法如图 5-14 所示，它显然是张仙人瓷俑中装针方式的发展。图 5-14 中的 c、d，正是近代称谓的枢轴。张仙人瓷俑中雕塑的罗盘正面与该图中盘正面相似。

在中国古代，罗盘有各种称谓：地螺、罗镜、罗星、针盘、子午盘、向盘等。将磁针与刻度盘相结合，使之成为一种辨识方向的仪器，统称为罗盘。因此，罗盘只有在磁针诞生之后才有可能问世。刻度盘，或如同方位针碗，仅以圆周上文字表示方向；或如同张仙人瓷俑，以分度圆表示方向；或是二者之结合。刻度盘在中国起源甚早。

据文物报道，安徽含山凌家滩古墓遗址曾出土一种表示方位的玉片（见图 5-15），属新石器时代。方形玉片内刻两个同心圆，内圆以平行双线构成八角星；圆环划分八格，每格刻画圭形箭号，每个箭号位于内圆八角的空档间；圆环外还以四个圭形箭号指示方形玉片的四个方角。类似的图形还见于公元前 3000 年左右各地文化的陶瓷彩绘中，对其文化含义的解释则仁者见

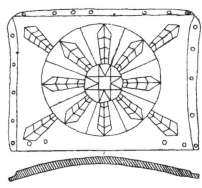

图 5-15　安徽含山凌家滩新石器时代的玉片

仁，智者见智。我们同意它是一种方位盘的雏形，也是后来用以占卜的各种栻盘的祖先。

在栻盘中有一种称为"六壬栻盘"，其构造大致如此：在方形盘面中心枢接一个小圆盘，小圆盘可以在方盘上自由转动。圆盘面绘有同心圆数个，从内至外分别画北斗七星，写十二月神名或十二月月名，以及二十八宿名。这个圆盘称为天盘。方形盘面，除了枢接天盘外，从外到里两层方框内分别书写二十八宿星名，以天干和地支等表示的方位，另有其他表示方位的斜线、文字或圆点。这个方盘称为地盘。

1972年，在甘肃武威磨咀子62号汉墓中出土王莽时期的漆木制六壬栻盘一件（见图5-16）：其天盘上刻十二月神和二十八宿名，边缘上有150余个刻度；地盘上除外方框书二十八宿外，内方框以八干（甲、乙、丙、丁、庚、辛、壬、癸）、十二地支（子、丑、寅、卯、辰、巳、午、未、申、

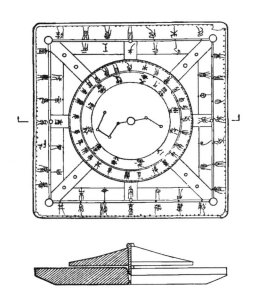

图5-16 甘肃武威出土汉栻盘：上为天盘地盘合一正面图，下为盘剖面图

酉、戌、亥），顺时针排列（子、癸、丑、寅、甲、卯、乙、辰、巳、丙、午、丁、未、申、庚、酉、辛、戌、亥、壬）表示 20 个方位。其中的子、卯、午、酉居方边中央，文字下镶竹珠，又以双线界定与天盘连接。地盘四角还以辐射平行线与天盘连接，平行线内镶二小珠，角顶一大珠；地盘边缘有 182 个圆点表示的刻度。

　　1977 年在安徽阜阳双古堆西汉汝阴侯墓也发现漆木制六壬栻盘一个。墓主人为夏侯灶（？—前 165 年）。这是迄今为止国内外所藏栻盘中最早的一个。它与甘肃武威出土的栻盘大同小异。其天盘刻十二月次与二十八宿名。地盘外框刻二十八宿；内框只刻十二地支，每方边三地支名；将八个天干置于天盘环外，每方边两个，并将天干中的另二干名（即"戊""己"）置地盘四角，分别称为"土斗戊""鬼月戊""天戹己""人日己"（见图 5-17）。

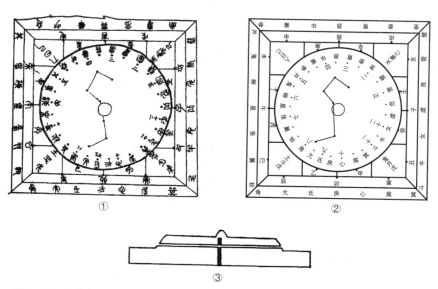

图 5-17　安徽阜阳出土西汉汝阴侯栻盘：①盘面摹绘；②今文字示意图；③盘剖面图

还有的汉代栻盘，其地盘每方边中央及四角画八卦符号。

从文物中可知，地盘以八干十二支再加四角（或以八卦中四卦符号）表示 24 个方位。这是中国古代最早的刻度盘。汉代司南所谓"投之于地"，就是将司南放于这种地盘中心。由于铜质地盘或漆木制地盘表面光滑，司南容易转动。指南针发明之后，为方便使用和识别方向，地盘的方形盘面和分层立位被修改成圆形盘面，并将 24 个方位列在同一圆环之中。以一周 360°计，每一方位占 15°。罗盘的方位刻度由此而生。

在 1041 年杨惟德记述堪舆用指南针之后约半个世纪，指南针便用于航海了。成书于宋宣和元年（1119 年）的朱彧《萍洲可谈》卷二写道：

舟师识地理，夜则观星，昼则观日，阴晦则观指南针。

《萍洲可谈》记朱彧之父朱服于元符二年（1099 年）至崇宁元年（1102 年）间在广州做官时的见闻。其后大约 30 年，即 12 世纪初，罗盘在航海中使用。南宋初年提举福建路市舶司赵汝适在《诸蕃志》中说："舟舶来往，惟以指南针为则，昼夜守视唯谨，毫厘之差，生死系矣。"以指南针导航，又不可有"毫厘之差"，则非罗盘莫属。1197 年卒的朱济南的墓中，出土手持枢轴式旱罗盘的瓷俑；再过 40 年，曾三异《因话录》称它为"地螺"。

根据科学史文献，欧洲最早知道磁针的是法国人普罗万（Guyot de Provins），他在 1190—1210 年间的《咏圣诗》中指出，水手将针和一种难看的石头摩擦后，用草浮水面可指北。英格兰圣阿尔本斯地方的修道士内克姆（Alexander Neckam，1157—1217 年）1207 年左右在其《论器具》（De Utensilibus）一书中，述及类似航海用指南针的方法。它们比沈括和朱彧的记述晚了 90 ~ 100 年。而号称制造罗盘的大师法国人佩里格林纳斯（Petrus

Peregrinus，生活于 13 世纪），设计制造带有刻度的枢轴罗盘，是在 1269 年，比张仙人瓷俑还晚了 70 多年。无可争议，中国人最早创制、使用磁针和罗盘的，并最早在航海中加以使用。迄今，一般认为，磁针、罗盘是由阿拉伯人从中国传播到欧洲的。可以说，一旦指南针上了航船，其传播之快，当与航速相同。

参考文献

［1］杨春华，冯法光.天坛［M］.北京：新华出版社，1994.

［2］刘东升，袁荃猷.中国音乐史图鉴［M］.北京：人民音乐出版社，1988.

［3］杨爱国.汉画像石中的庖厨图［J］.考古，1991（11）：1023-1031.

［4］山东省博物馆，山东省文物考古研究所.山东汉画像石选集［M］.济南：齐鲁书社，1982.

［5］重庆市博物馆.四川汉画像砖选集［M］.北京：文物出版社，1957.

［6］华东文物工作队山东组.山东沂南汉画像石墓［J］.文物，1954（8）：图29.

［7］洛阳市第二文物工作队.洛阳五女冢新莽墓发掘简报［J］.文物，1995（11）：13.

［8］王世振，王善才.湖北随州东城区东汉墓发掘报告［J］.文物，1993（7）：67，68.

［9］李崇州.中国古代各类灌溉机械的发明和发展［J］.农业考古，1983（1）：142.

［10］戴念祖.中国力学史［M］.石家庄：河北教育出版社，1988.

［11］北京大学考古学系，山西考古研究所.天马——曲村遗址北赵晋侯墓地第二次发掘［J］.
文物，1994（1）：4-28.

［12］赵志成.元代画家赵雍的生卒年及相关问题［J］.文物，1994（1）：76-83.

［13］刘仙洲.中国机械工程发明史［M］.北京：科学出版社，1962.

［14］李泽厚.神的世间风貌［J］.文物，1978（12）：36.

［15］彭适凡，刘林，詹开逊.江西新干大洋洲商墓发掘简报［J］.文物，1991（10）：1-26.

［16］黄景略.燕下都城址调查报告［J］.考古，1962（1）：14.

［17］中国科学院考古研究所.辉县发掘报告［M］.北京：科学出版社，1956：图版64.

［18］陈文华.中国农业考古图录［M］.南昌：江西科学技术出版社，1994：220-222.

［19］李长庆，何汉南.陕西省发现的汉代铁铧和鐴土［J］.文物，1966（1）：19-26.

［20］陕西省博物馆，陕西省文物管理委员会.陕北东汉画像石刻选集［M］.北京：文物出版社，
1959：图15.

［21］齐心，刘精义.北京市房山县北郑村辽塔清理简报［J］.考古，1980（2）：146.

［22］畅文斋.山西永济县薛家崖发现的一批铜器［J］.文物，1955（8）.

［23］李文信.让考古科学在祖国社会主义建设高潮中壮大——祝考古工作会议［J］.文物，

1956（3）.

［24］裴明相.南阳汉代铁工厂发掘简报［J］.文物，1960（1）：58-60.

［25］福建省文物管理委员会.福建崇安城村汉城遗址试掘［J］.考古，1960（10）：1-9.

［26］吴正伦.关于我国古代的传动齿轮［J］.文物，1986（2）：94-95.

［27］孟浩，陈慧，刘来城.河北武安午汲古城发掘记［J］.考古，1957（4）：43-47.

［28］扬州博物馆，邗江县图书馆.江苏邗江县杨寿乡宝女墩新莽墓［J］.文物，1991（10）：46.

［29］甘博文.甘肃武威雷台东汉墓清理简报［J］.文物，1972（2）：16-24.

［30］中国科学院考古研究所满城发掘队.满城汉墓发掘纪要［J］.考古，1972（1）：8-18.

［31］吴晓松，董子儒.湖北省黄州市下窑嘴商墓发掘简报［J］.文物，1993（6）：56-60.

［32］中国历史博物馆考古部，等.山西省垣曲县古城东关遗址Ⅳ区仰韶早期遗存的新发现［J］.文物，1995（7）：40-51.

［33］高至喜.湖南楚墓中出土的天平与法马［J］.考古，1972（4）：42-45.

［34］胡建军，夏湘军.湖南沅陵木马岭战国墓发掘简报［J］.考古，1994（8）：683-684.

［35］杨定爱，韩楚文.湖北江陵县九店东周墓发掘纪要［J］.考古，1995（7）：589-605.

［36］杨定爱，韩楚文.纪南城新桥遗址［J］.考古学报，1995（4）：413-451.

［37］随县擂鼓墩一号墓考古发掘队.湖北随县曾侯乙墓发掘简报［J］.文物，1979(7)：1-24.

［38］襄阳首届亦工亦农考古训练班.襄阳蔡坡12号墓出土吴王夫差剑等文物［J］.文物，1976（11）：68.

［39］高应勤，冯有林.湖北当阳县金家山两座战国楚墓［J］.文物，1982（4）：47.

［40］安徽省六安县文物管理所.安徽六安县城西窑厂2号楚墓［J］.考古，1995（2）：124-140.

［41］文启明.河北新乐中同村发现战国墓［J］.文物，1985（6）：16.

［42］李有成.原平县刘庄塔岗梁东周墓［J］.文物，1986（11）：22.

［43］谭白明.曾侯乙墓弋射用器初探——关于曾侯乙墓出土金属弹簧与"案座纺锤形器"的考释［J］.文物，1993（6）：83-88.

［44］贾兰坡，盖培，尤玉桂.山西峙峪旧石器时代遗址发掘报告［J］.考古学报，1972（1）：39-58.

［45］席克定.贵州的石器时代考古［J］.考古，1994（8）：706.

［46］叶万松.洛阳中州路战国车马坑［J］.考古，1974（3）：171-178.

［47］高至喜.记长沙、常德出土弩机的战国墓——兼谈有关弩机、弓矢的几个问题［J］.文物，1964（6）：33-45.

［48］高中晓，柴焕波.湖南慈利县石板村战国墓［J］.考古学报，1995（2）：173-204.

［49］程学华.秦始皇陵一号铜车马清理简报［J］.文物，1991（1）：1-13.

［50］老亮 . 中国古代材料力学史［M］. 长沙：国防科技大学出版社，1991.

［51］中国社会科学院考古研究所 . 居延汉简甲乙编［M］. 北京：中华书局，1980.

［52］张德光 . 山西绛县裴家堡古墓清理简报［J］. 考古通讯，1955（4）：图版拾柒 .

［53］孟浩，陈慧，刘来城 . 河北武安午汲古城发掘记［J］. 考古通讯，1957（4）：47.

［54］黄冈地区博物馆，黄州市博物馆 . 湖北省黄州市下窑嘴商墓发掘简报［J］. 文物，1993（6）：57.

［55］邱光明 . 我国古代权衡器简论［J］. 文物，1984（10）：78.

［56］浙江省文物管理委员会，浙江省博物馆 . 河姆渡遗址第一期发掘报告［J］. 考古学报，1978（1）：39-94.

［57］祁英涛 . 中国早期木结构建筑的时代特征［J］. 文物，1983（4）：60-73.

［58］王春波 . 山西平顺晚唐建筑天台庵［J］. 文物，1993（6）：34-43.

［59］张铁宁 . 渤海上京龙泉府宫殿建筑复原［J］. 文物 .1994（6）：38-58.

［60］陈耀东 . 夏鲁寺——元官式建筑在西藏地区的珍遗［J］. 文物，1994（5）：4-23.

［61］梁思成 . 梁思成文集 正定调查记略［M］. 北京：中国建筑工业出版社，1982.

［62］辜其一 . 江油县圌山云岩寺飞天藏及藏殿勘查记略［J］. 四川文物，1986（4）：9-13.

［63］黄石林 . 四川江油窦圌山云岩寺飞天藏［J］. 文物，1991（4）：20-33.

［64］向远木 . 四川平武明报恩寺勘察报告［J］. 文物，1991（4）：1-19.

［65］西安市文物管理委员会 . 西安市东南郊沙坡村出土一批唐代银器［J］. 文物，1964（6）：30-32.

［66］史树青 . 古代科技事物四考［J］. 文物，1962（3）：47-52.

［67］Joseph Needham.Science and Civilization in China：Volume 4［M］.Cambridge：Cambridge at the University Press，1954.

［68］文物博物馆简讯［J］. 文物，1964（8）：58.

［69］陕西省博物馆革委会写作小组 . 西安南郊何家村发现唐代窖藏文物［J］. 文物，1972（1）：30-42.

［70］《建筑史专辑》编辑委员会 . 科技史文集（五）：建筑史专辑［M］. 上海：上海科技出版社，1980.

［71］侯仁之、俞伟超 . 乌兰布和沙漠的考古发现和地理环境的变迁［J］. 考古，1973（2）：92-107.

［72］陈明达 . 应县木塔［M］. 北京：文物出版社，1980.

［73］茅以升 . 中国古桥技术史［M］. 北京：北京出版社，1986.

［74］潘洪萱 . 谈谈中国古代桥梁的技术及艺术特色［J］. 自然杂志，1987（7）。

［75］张子英 . 河北磁县新征集的白地黑花瓷枕［J］. 文物，1991（6）：94-96.

［76］徐家珍 . 风筝小记［J］. 文物，1959（2）：27-29.

［77］王武钰，祁庆国 . 北京顺义安辛庄辽墓发掘简报［J］. 文物，1992（6）：17-23.

［78］陕西省博物馆，文管会 . 文化大革命期间陕西出土文物［M］. 陕西人民出版社，1973.

［79］李时珍 . 本草纲目［M］. 北京：人民卫生出版社，1982.

［80］陆学善 . 中国晶体学史科掇拾［M］// 自然科学史研究所 . 科技史文集（十二）. 上海：上
　　　海科学技术出版社，1984：1-34.

［81］Chen Cheng-Yih.Early Chinese Work in Natural Science［M］.Hong Kong：Hong
　　　Kong University Press，1996:173-175.

［82］牟永抗，吴汝祚 . 水稻、蚕丝和玉器——中华文明起源的若干问题［J］. 考古，1993(6)：
　　　543-553.

［83］王育成 . 含山玉龟及玉片八角形来源考［J］. 文物，1992（4）：56-61.

［84］张兴永，周国兴 . 元谋人及其文化［J］. 文物，1978（10）：26-30.

［85］吴汝康 . 蓝田猿人［J］. 文物，1973（6）：41-44.

［86］王择义，邱中郎，毕初珍 . 山西垣曲南海峪旧石器地点发掘报告［J］. 古脊椎动物与古人
　　　类，1959，1（2）：88-91.

［87］黄万波 . 龙潭洞猿人头盖骨发现记［J］. 百科知识，1981（2）.

［88］金牛山联合发掘队 . 辽宁营口金牛山旧石器文化的研究［J］. 古脊椎动物与古人类，
　　　1978，16（2）：129-136.

［89］陈斌 . 灯具的鼻祖——四千年前窑洞的壁灯［J］. 文物天地，1989（2）.

［90］许慎 . 说文解字［M］. 影印本 . 中华书局，1963：210.

［91］张守中，郑名桢，刘来成 . 河北省平山县战国时期中山国墓葬发掘简报［J］. 文物，1979
　　　（1）：1-31.

［92］高丰，孙建君 . 中国灯具简史［M］. 北京：北京工艺美术出版社，1991.

［93］河南省博物馆 . 河南三门峡市上村岭出土的几件战国铜器［J］. 文物，1976（3）：52-54。

［94］南阳汉代画像石编辑委员会 . 南阳汉代画像石［M］. 北京：文物出版社，1985.

［95］广州象岗汉墓发掘队 . 西汉南越王墓发掘初步报告［J］. 考古，1983（3）：222.

［96］李仁溥 . 中国灯烛［M］. 广州：广东科技出版社，1990：32-33.

［97］中国社会科学院考古研究所，河北省文物管理处 . 满城汉墓发掘报告［M］. 北京：文物出
　　　版社，1980.

［98］广西壮族自治区文物考古写作小组 . 广西合浦西汉木椁墓［J］. 考古，1972（5）：20-30.

［99］李学文 . 山西襄汾出土三件汉灯［J］. 文物，1991（5）：95-96.

[100] 全唐诗：卷三四．第 10 册．中华书局，1960：3820.

[101] 甘肃省博物馆．甘肃省文物考古工作三十年 [M]// 文物编辑委员会．文物考古工作三十
年．北京：文物出版社，1979.

[102] 青海省文物管理处考古队．青海省文物考古工作三十年 [M]．北京：文物出版社，1979.

[103] 石志廉．齐家文化铜镜 [N]．中国文物报，1987-7-10（51）.

[104] 何堂坤．中国古代铜镜技术研究 [M]．北京：中国科学技术出版社，1992.

[105] 陈久恒，叶小燕．洛阳西郊汉墓发掘报告 [J]．考古学报，1963（2）.

[106] 孔祥星．中国铜镜图典 [M]．北京：文物出版社，1992.

[107] 中国社会科学院考古研究所河南二队．河南偃师县杏园村的四座北魏墓 [J]．考古，
1991（9）：818-831.

[108] 朱土生．浙江龙游县东华山汉墓 [J]．考古，1993（4）：330-343.

[109] 高去寻．殷代的一面铜镜及其相关之问题 [M]// 中央研究院历史语言研究所集刊：第
29 本．1958：689.

[110] 中国社会科学院考古研究所．殷墟妇好墓 [M]．北京：文物出版社，1980：103.

[111] 王光永，曹明檀．宝鸡市郊区和凤翔发现西周早期铜镜等文物 [J]．文物，1979（12）：90.

[112] 钱临照．释墨经中光学力学诸条 // 科学史论集 [G]．北京：中国科学技术大学出版社，
1987：1-36.

[113] 洪震寰．墨经光学八条厘说 [G]// 科学史集刊：第 4 期．北京：科学出版社，1962.

[114] 徐克明．墨家的物理学研究 [M]// 自然学史研究所．科技史文集（十二）：物理学史专
辑．上海：上海科学技术出版社，1984.

[115] 罗芳贤．古代的取火用具——阳燧 [N]．中国文物报，1996-12-29（515）:3.

[116] 罗西章．扶风出土商周青铜器 [J]．考古与文物，1986（4）.

[117] 北京文物管理处．北京地区又一重要考古收获 [J]．考古，1976（4）.

[118] 牟永抗．绍兴 306 号战国墓发掘简报 [J]．文物，1984（1）：10-26.

[119] 许玉林，王连春．丹东地区出土青铜短剑 [J]．考古，1984（8）.

[120] 钱临照．阳燧 [J]．文物，1958（7）：28-30.

[121] 刘友恒，樊子林．河北正定天宁寺凌霄塔地宫出土文物 [J]．文物，1991（6）：28-37.

[122] 郭建邦，陈觉，郭木森．河南邓州市福胜寺塔地宫 [J]．文物，1991（6）：38-47.

[123] 任日新．山东诸城臧家庄与葛布口村战国墓 [J]．文物，1987（12）：51.

[124] 银河．我国古代发明的潜望镜 [J]．物理通报，1957（7）：394.

[125] 甘肃省文物队，等．嘉峪关壁画墓发掘报告 [M]．北京：文物出版社，1985.

[126] 阮国林，魏正瑾．南京北郊郭家山东晋墓葬发掘简报 [J]．文物，1981（12）：5.

［127］李灿. 亳县曹操宗族墓葬［J］. 文物, 1978（8）: 32, 34.

［128］王燮山. 我国古代的透镜［J］. 物理, 1982（10）: 632.

［129］王燮山. 亳县曹操宗族墓葬出土透镜的初步研究［J］. 自然科学史研究, 1987（1）: 28.

［130］钟遐. 绍兴 306 号墓小考［J］. 文物, 1984（1）: 36.

［131］安徽省文物考古研究所, 中国科学技术大学开放研究实验室. 凌家滩墓葬玉器测试研究
　　　［J］. 文物, 1989（4）: 10.

［132］梁宝玲. 天津宝坻县牛道口遗址调查发掘简报［J］. 考古, 1991（7）: 577–586.

［133］宝鸡茹家庄西周墓发掘队. 陕西省宝鸡市茹家庄西周墓发掘简报［J］. 文物, 1976（4）: 34.

［134］田仁孝, 雷兴山. 宝鸡市益门村二号春秋墓发掘简报［J］. 文物, 1993（10）: 1–14.

［135］湖北省博物馆. 曾侯乙墓［M］. 北京: 文物出版社, 1989.

［136］李则斌. 江苏邗江县杨寿乡宝女墩新莽墓［J］. 文物, 1991（10）: 39–61.

［137］周长源, 张福康. 对扬州宝女墩出土汉代玻璃衣片的研究［J］. 文物, 1991（10）: 71–75.

［138］黄启善, 刘焯元, 张居英. 广西合浦县凸鬼岭清理两座汉墓［J］. 考古, 1986（9）: 797.

［139］贾鸿键. 青海民和县东垣村发现东汉墓葬［J］. 考古, 1986（9）: 857.

［140］安家瑶. 中国的早期玻璃器皿［J］. 考古学报, 1984（4）: 413–448.

［141］徐克明, 李志军. 从《论衡》和《谭子化书》探讨我国古透镜自先秦至五代的进展［J］.
　　　自然科学史研究, 1989（1）: 53–55.

［142］阮崇武, 毛增填. 中国透光古铜镜的奥秘［M］. 上海: 上海科学技术出版社, 1982.

［143］贺鸿武. 湖南攸县发现一件古代透光铜镜［J］. 文物, 1989（3）: 75.

［144］王铠. 新发现一面唐代透光镜［J］. 中原文物, 1981（2）: 22.

［145］赵中强. 遂平县又发现一面唐代透光镜［J］. 中原文物, 1985（2）.

［146］上海博物馆, 复旦大学光学系. 解开西汉古镜 "透光" 之谜［J］. 复旦学报（自然科学
　　　版）, 1975（3）.

［147］上海交通大学西汉古铜镜研究组. 西汉 "透光" 古铜镜研究［J］. 金属学报, 1976（1）.

［148］陈佩芬. 西汉透光镜及其模拟试验［J］. 文物, 1976（2）: 91.

［149］J Prinsep. On a Chinese "Magic Mirror". JRAS/B, 1832, 1: 242.

［150］D Brewster. Account of a curious Chinese mirror which reflects from its polished
　　　face the figures embossed upon in back. PMG.1832, I: 438.

［151］Julien Stanislas. Notice sur les miroirs magiques des Chinois et leur fabrication.
　　　CRAS.1847, 24: 999.

［152］Ayrton W E, Perry J. The magic mirror of Japan. PRS.1878, 28: 127.

［153］Ayrton W E, Perry J. Fr. Tr.(with illustrations). ACP.1880, 20: 110.

［154］Ayrton W E，Perry J. On the expansion produced by amalgamation. PMG.1886，22：327.

［155］Atkinson R W. Japanese magic mirror. Nature，1877,16:62.

［156］Govi M. Les miroirs magiques des Chinois. ACP.1880，20：99，106.

［157］W H Bragg. 光的世界［M］. 陈岳生，译. 北京：商务印书馆，1947：43-44.

［158］杭德州. 长安县三里村东汉墓葬发掘简报［J］. 文物，1958（7）：62.

［159］时得之. 我国早期的眼镜［J］. 文物天地，1988（3）：18-19.

［160］河南省安阳地区文物管理委员会. 汤阴白营河南龙山文化村落遗址发掘报告. 北京：中国社会科学出版社，1983.

［161］方西生，孙德萱，赵连生. 河南汤阴白营龙山文化遗址［J］. 考古，1980（3）：193-202.

［162］张岱海. 山西襄汾陶寺遗址首次发现铜器［J］. 考古，1982（12）：1069-1071.

［163］李纯一. 中国上古出土乐器综论［M］. 北京：文物出版社，1996.

［164］李纯一. 先秦音乐史［M］. 北京：人民音乐出版社，1994.

［165］河南省文化局文物工作队.1958年春河南安阳大司空村殷代墓葬发掘简报［J］. 考古，1958（10）.

［166］杜乃松，单国强. 记各省市自治区征集文物汇报展览［J］. 文物，1978（6）：30-31.

［167］卢连成，胡智生. 宝鸡茹家庄、竹园沟墓地有关问题的探讨［J］. 文物，1983（2）.

［168］卢连成. 宝鸡强国墓地［M］. 北京：文物出版社，1988.

［169］梁星彭，冯孝堂. 陕西长安、扶风出土西周铜器［J］. 考古，1963（8）：413-415.

［170］陕西周原考古队. 陕西扶风庄白一号西周青铜器窖藏发掘简报［J］. 文物，1978（3）：1-18.

［171］陕西省考古研究所，陕西省博物馆，陕西省文物管理委员会. 陕西出土商周青铜器［M］. 北京：文物出版社，1980.

［172］王克林. 山西侯马上马村东周墓葬［J］. 考古，1963（5）：229-245.

［173］张颔，张万钟. 庚儿鼎解［J］. 考古，1963（5）：270-272.

［174］黄翔鹏. 新石器和青铜时代的已知音响资料与我国音阶发展史问题. 北京：人民音乐出版社，1980.

［175］戴念祖. 中国声学史［M］. 石家庄：河北教育出版社，1994.

［176］王大钧，等. 全国首届音乐物理与音乐心理研讨会论文集［C］. 北京大学现代物理研究中心，1991：65.

［177］陈通，郑大瑞. 椭圆截锥的弯曲振动和编钟［J］. 声学学报 1983，8（3）：129-134.

［178］中国社会科学院考古研究所安阳工作队.1969—1977年殷墟西区墓葬发掘报告［J］. 考

古学报，1979（1）.

［179］马承源.商周青铜双音钟［J］.考古学报，1981（1）.

［180］高至喜.论湖南出土的西周铜器［J］.江汉考古，1984（3）.

［181］蔡德初.湖南耒阳县出土西周甬钟［J］.文物，1984（7）.

［182］陕西省考古研究所，等.陕西出土商周青铜器：二［M］.北京：文物出版社，1980.

［183］陕西省博物馆，等.扶风齐家村青铜器群［M］.北京：文物出版社，1963.

［184］韧松，樊维岳.记陕西蓝田县新出土的应侯钟［J］.文物，1975（10）：68–69.

［185］高至喜.西周士父钟的再发现［J］.文物，1991（5）：86–87.

［186］周世荣.湖南省博物馆新发现的几件铜器［J］.文物，1966（4）:1–6.

［187］湖南省博物馆，湖南省考古学会.湖南考古辑刊：第二辑［M］.长沙：岳麓书社，1984.

［188］李纯一.曾侯乙编钟铭文考察［J］.音乐研究，1981（1）：54–67.

［189］何弩.湖北江陵江北农场出土商周青铜器［J］.文物，1994（9）：86–91.

［190］陈通，郑大瑞.古编钟的声学特性［J］.声学学报，1980（3）：161–171.

［191］高炜，李健民.1978—1980年山西襄汾陶寺墓地发掘简报［J］.考古，1983（1）：30–42.

［192］陶富海.山西襄汾大崮堆山发现新石器时代石磬坯［J］.考古，1988（12）.

［193］青海省文物管理处考古队，中国社会科学院考古研究所.青海柳湾［M］.北京：文物出版社，1984.

［194］李裕群，等.山西闻喜发现龙山时期大石磬［J］.考古与文物，1986（2）.

［195］匡瑜，等.中国考古学年鉴1984［M］.北京：文物出版社，1984：126.

［196］中国科学院考古研究所二里头工作队.偃师二里头遗址新发现的铜器和玉器［J］.考古，1976（4）：259–263.

［197］徐殿魁，王晓田，戴尊德.山西夏县东下冯遗址东区、中区发掘简报［J］.考古，1980（2）：97–107.

［198］郭宝钧.一九五〇年春殷墟发掘报告［J］.考古学报，1951：1–61.

［199］罗西章.周原出土的西周石磬［J］.考古与文物，1987（6）.

［200］张剑，赵世刚.河南省淅川县下寺春秋楚墓［J］.文物，1980（10）：13–20.

［201］杨荫浏.中国古代音乐史稿［M］.北京：人民音乐出版社，1980.

［202］湖北省博物馆.湖北江陵发现的楚国彩绘石编磬及其相关问题［M］.考古，1972（3）：41–48.

［203］湖北省博物馆.随县曾侯乙墓［M］.北京：文物出版社，1980.

［204］高鸿祥.曾侯乙钟磬编配技术研究［J］.黄钟，1988（4）：85–95.

［205］陈通.中国民族乐器的声学［J］.物理学进展，1996（3）：566–577.

［206］Chen Tong，Wang Zhongyan.Acoustical Properties of Qing［J］.Chinese Journal of Acoustics，1989（4）：289–294.

［207］云南省博物馆.云南晋宁石寨山古墓群发掘报告［M］.北京：文物出版社，1959.

［208］闻宥.古铜鼓图录［M］.上海：上海出版公司，1954.

［209］闻宥.古铜鼓图录［M］.北京：中国古典艺术出版社，1957：图13.

［210］云南省博物馆文物工作队.云南省楚雄县万家坝古墓群发掘简报［J］.文物，1978(10)：1–16.

［211］李世红，万辅彬，农学坚.古代铜鼓调音问题初探［J］.自然科学史研究，1989（4）：333–340.

［212］赵德祥.当阳曹家岗5号楚墓［J］.考古学报，1988（4）：455–500.

［213］固始侯古堆一号墓发掘组.河南固始侯古堆一号墓发掘简报［J］.文物，1981(1)：1–8.

［214］湖北省荆州地区博物馆.江陵天星观1号楚墓［J］.考古学报,1982（1）：71–116.

［215］湖南省博物馆，中国科学院考古研究所.长沙马王堆一号汉墓［M］.北京：文物出版社，1973.

［216］湖南省博物馆，中国科学院考古研究所，文物编辑委员会.长沙马王堆一号汉墓发掘简报［M］.北京：文物出版社，1972.

［217］湖南省博物馆，中国科学院考古研究所.长沙马王堆二、三号汉墓发掘简报［J］.文物，1974（7）：39–48.

［218］黄纲正.长沙市五里牌战国木椁墓［J］.湖南考古辑刊，1982（1）.

［219］李曰训.山东章丘女郎山战国墓出土乐舞陶俑及有关问题［J］.文物，1993（3）：1–6.

［220］李银德，孟强.试论徐州出土西汉早期人物画像镜［J］.1997（2）：22–25.

［221］黄翔鹏.秦汉相和乐器"筑"的首次发现及其意义［J］.考古：1994（8）：722–726.

［222］黄翔鹏.均钟考——曾侯乙墓五弦器研究（上）［J］.黄钟,1989（1）：38–51.

［223］徐州博物馆.徐州西汉宛朐侯刘埶墓［J］.文物，1997（2）：4–21.

［224］湖北江陵雨台山21号战国楚墓.文物，1988（5）：35–38.

［225］马承源，潘建明.新莽无射律管对黄钟十二律研究的启示［J］.上海博物馆集刊，1981(1).

［226］徐飞.黄钟律管管口校正考［J］.中国音乐学院学报，1996（3）：45–49.

［227］路工.明代歌曲选［M］.上海：上海古典文学出版社，1956：73–79.

［228］朱载堉，阎永仁.醒世词［M］.中州古籍出版社，1992.

［229］戴念祖.朱载堉——明代的科学和艺术巨星［M］.北京：人民出版社，1986.

［230］庆祝蔡元培先生六十五岁论文集：上册.1933：279–310.

［231］黄翔鹏.舞阳贾湖骨笛的测音研究［J］.文物，1989（1）：15–17.

[232] 河南省文物研究所. 河南舞阳贾湖新石器时代遗址第二至六次发掘简报 [J]. 文物，1989（1）：1-14.

[233] 卡约里. 物理学史 [M]. 戴念祖，范岱年，译. 呼和浩特：内蒙古人民出版社，1981.

[234] M R Cohen, I E Drabkin.A Source Book in Greek Science [M].Cambridge：Harvard Univ. Press，1958：294-302.

[235] 戴念祖. 中国、希腊和巴比伦：古代东西方的乐律传播问题 [J]. 中国音乐学报，1993（3）：5-16.

[236] 湖南省博物馆. 长沙浏城桥一号墓 [J]. 考古学报，1972（1）：59-72.

[237] 湖北省荆州地区博物馆. 江陵雨台山楚墓 [M]. 北京：文物出版社，1984：105.

[238] 曾昭燏，蒋宝庚，黎忠义. 沂南古画像石墓发掘报告 [M]. 北京：文化部文物管理局，1956.

[239] 柳羽. 时过十余载，在长沙马王堆汉墓出土文物中发现金属簧片 [J]. 乐器，1986（5）.

[240] 云南省博物馆. 云南江川李家山古墓群发掘简报 [J]. 文物，1972（8）：7-16.

[241] 张增祺，王大道. 云南江川李家山古墓群发掘报告 [J]. 考古学报，1975（2）：97-156.

[242] 葛季芳. 云南出土铜葫芦笙探讨 [M]. 考古，1987（9）：821-825.

[243] John Tyndall. Sound [M]. 3rd ed. 1875：221-222.

[244] 蔡堡. 双鱼古铜盆说 [J]. 科学，1923（8）：1122-1125.

[245] 戴念祖. 喷水鱼洗起源初探 [J]. 自然科学史研究，1983，2（1）：16-23.

[246] 出土文物展览工作组. 文化大革命期间出土文物 [M]. 北京：文物出版社，1972.

[247] 吕厚均，付正心，俞文光，等. 天坛皇穹宇声学现象的新发现. 自然科学史研究，1995（4）：359-365.

[248] 周克超，贾陇生. 天坛声学现象的首次测试与综合分析 [J]. 自然科学史研究，1996（1）：72-79.

[249] 陈通. 凹圆柱面内的波和回音壁 [J]. 声学学报，1997，22（1）：33-41.

[250] 陈通，蔡秀兰. 普救寺莺莺塔回声现象分析 [J]. 声学学报，1988，13（6）：462-466.

[251] 丁士章，吴寿锽，等. 世界奇塔莺莺塔之谜 [M]. 西安：西安交通大学出版社，1989.

[252] 陈通. 中国民族乐器的声学 [J]. 物理学进展，1996，16（3-4）：566-575.

[253] 张寿祺. 海南岛黎族人民古代的取火工具 [J]. 文物，1960（6）：72-73.

[254] 刘仙洲. 我国古代慢炮、地雷和水雷自动发火装置的发明 [J]. 文物，1973（11）：46-51.

[255] 郭建荣，郭颖. 景颇族取火器 [J]. 中国科技史杂志，1985（3）：34-35.

[256] 长沙市文物工作队. 长沙市白泥塘5号战国墓发掘简报 [J]. 文物，1995（12）：17-23.

[257] 余冠英. 诗经选译 [M]. 北京：人民文学出版社，1963：166.

［258］郭沫若.屈原赋今译［M］.北京：人民文学出版社，1953：51-52.

［259］辽宁省博物馆文物队.辽宁北票水泉一号辽墓发掘简报［J］.文物，1977（12）：44-51.

［260］孙机.摩羯灯——兼谈与其相关的问题［J］.文物，1986（12）：74-78.

［261］四川省文物管理委员会，崇庆县文化馆.四川崇庆县五道渠蜀汉墓［J］.文物，1984（8）：46-48.

［262］丁祖春.四川大邑县马王坟汉墓［J］.考古，1980（3）：282-283.

［263］李辉柄.汝窑遗址的发现与探讨［J］.文物，1991（12）：76-82.

［264］张家口市宣化区文物保管所.河北宣化辽代壁画墓［J］.文物，1995（2）：4-28.

［265］刘冰.内蒙古赤峰沙子山元代壁画墓［J］.文物，1992（2）：24-27.

［266］王祯农书·百谷谱集之十·茶.北京：农业出版社，1981：163.

［267］胡继高.一件有特色的西汉漆盒石砚［J］.文物，1984（11）：59-60.

［268］吴振录.保德县新发现的殷代青铜器［J］.文物，1972（4）：62-64.

［269］定县博物馆.河北定县43号汉墓发掘简报［J］.文物，1973（11）：8-20.

［270］张居英.广西合浦县丰门岭10号汉墓发掘简报［J］.考古，1995（3）：226-230，283.

［271］许玉林.辽宁盖县东汉墓［J］.文物，1993（4）：54-70.

［272］严辉，杨海钦.伊川鸦岭唐齐国太夫人墓［J］.文物，1995（11）：24-44.

［273］戴念祖.我国古代关于电的知识和发现［M］.上海：上海科学技术出版社，1984：78-85.

［274］丁士章，吴寿锽，等.应县木塔的避雷机制［J］.自然科学史研究，1990（2）：139.

［275］黄滋.浙江松阳延庆寺塔构造分析［J］.文物，1991（11）：84-87.

［276］张汉君.辽庆州释迦佛舍利塔营造历史及其建筑构制［J］.文物，1994（12）：65-72.

［277］丁士章，吴寿锽，等.应县木塔避雷机制的再探讨［J］.自然科学史研究，1993（2）：146.

［278］丁士章，吴寿锽，等.应县木塔避雷机制的再探讨［J］.西安交通大学学报，1988.

［279］贾兰坡.旧石器时代文化［M］.北京：科学出版社，1957：44-45.

［280］刘云彩.中国古代高炉的起源和演变［J］.文物，1978（2）：18-27.

［281］江苏省文物管理委员会，等.江苏六合程桥东周墓［J］.考古，1965（3）：105-115.

［282］裴明相.南阳汉代铁工厂发掘简报［J］.文物，1960（1）：58-60.

［283］河南省文化局文物工作队.巩县铁生沟［M］.北京：文物出版社，1962.

［284］杨宝顺.河南鹤壁市汉代冶铁遗址［J］.考古，1963（10）：550-552.

［285］郑州市博物馆.郑州古荥镇汉代冶铁遗址发掘简报.文物，1978（2）：28-39.

［286］王振铎.科技考古论丛［M］.北京：文物出版社，1989.

［287］李辉柄.磁州窑遗址调查［J］.文物，1964（8）：37-48.

［288］磁县文化馆.河北磁县南开河村元代木船发掘简报［J］.考古，1978（6）：388-399.

［289］刘来成，罗平，倪仲玉.观台窑址发掘报告［J］.文物，1959（6）：59-61.

［290］王振铎.试论出土元代磁州窑器中所绘磁针［J］.中国历史博物馆馆刊，1979：73-79.

［291］许明纲.旅大市发现金元时期的文物［J］.考古，1966（2）：96-99.

［292］吉林省文物考古研究所，等.吉林双辽电厂贮灰场辽金遗址发掘简报.考古，1995（4）：325-337.

［293］郭沫若.中国史稿：第五册［M］.北京：人民出版社，1983.

［294］韩槐准.谈我国明清时代的外销瓷器［J］.文物，1965（9）：59-61.

［295］陈定荣，徐建昌.江西临川县宋墓［J］.考古，1988（4）：329-334.

［296］安徽省文物考古研究所.安徽含山凌家滩新石器时代墓地发掘简报［J］.文物，1989（4）：1-9.

［297］甘肃省博物馆.武威磨咀子三座汉墓发掘简报［J］.文物，1972（12）：9-21.

［298］王襄天，韩自强.阜阳双古堆西汉汝阴侯墓发掘简报［J］.文物，1978（8）：12-31.

［299］殷涤非.西汉汝阴侯墓出土的占盘和天文仪器［J］.考古，1978（5）：338-341.

后 记

　　"文物"与"物理"？乍一听来，实难相容。教科书中所谓"物理"或"物理学"，是指研究物质组成及其运动规律的科学，而"文物"是昔日的物质或精神产品。后者似乎很难为前者提供有关物质组成的学说或物质运动的定理。

　　然而，作为物质产品或艺术产品的文物，不仅体现了创作者的经验、思维与知识，也反映了一个时代的科学认识水平。一件工艺精湛、艺术价值高的文物，往往也是某一历史时期的生产技术和科学知识的结晶。有鉴于此，考古文物界的先贤在几十年前就提出考古学要与科学史相结合，以便将考古提高到一个新的认识阶段，将文物鉴赏与评论提高到科学水平。

　　同样，科技史界也从未放弃收集历史文物以阐明某一历史时期人们可能具有的科学知识。本书就是基于这样一种认识来写作的。因此，这里的"物理"，不是定理、原理之类的纯物理学叙述，而是一个"大物理"，即与物理学知识相关的文物，或某一文物可能体现的物理知识。

　　今日的文物是昔日的物质产品或精神文化产品。它们在我们国土上如此丰富，以至于数说不清，展品不竭。它们充分展示了中华民族悠久历史和文化艺术之精湛。一件文物，其价值不仅在其时间久远或能换取银两之多寡，更在于当我们从艺术、文化、历史或科学的视角去鉴赏它时，无异于穿越时空隧道，与古代贤哲进行知识交流。这样的思想穿越，多姿多彩，高雅而令人陶醉！这就不难理解人们常将文物看作一个国家、一个民族或一个地区的"宝贝"之道理了。

　　从上述认识出发，本书既不是与物理相关的文物报道或考古专论，也不是一部科学史著作，而是试图在大量文物中拣集与物理学相关的一部分，从物理学角度欣赏它们、评述它们，重视它们曾经有过的时代光彩与价值。同时尽可能从诸多文物中引出故事，品味它们的文化意义和科学趣味。如果科学工作者能从中获得一点文物与历史知识，文物考古工作者能从中了解一点文物的科学含义和科学价值观，青年学生能从中加深自己的物理素养以及对祖国文化的理解，则本书幸矣。

　　本书仅仅是从物理眼光对少许文物做出鉴赏与评说的初步尝试。所涉及的文物是 1995 年之前发掘并公布的极少的一部分，相信读者能触类旁通，以锐利目光对未曾涉及的，特别是近 20 年出土的文物做出赏析。许多文物，其本身就是一个科学研究或科学史研究的课题，如双音编钟、透光镜等。

　　本书各章是以物理学各分支学科冠名的。虽然题为"力""光"和"声"等，但也并非叙述这些分科的相关物理原理，而是作者为了写作方便，对大量内涵丰富的文物做出粗浅的分类罢了。这意味着，某章名称只是表明该章叙述与之约略相关的文物，仅此而已。相信多数读者了解与章名相关的初等甚或中等的物理知识，本书对此未曾多着笔墨。

　　限于作者的水平，本书在文物与物理两方面都可能疏漏甚多，错误难免，祈读者教正为盼。

戴念祖

2019 年 4 月 10 日

于北京

出版后记

　　《文物中的物理》是我国资深科学史家戴念祖教授写给大众读者的一本科普读物。本书曾于 1999 年由东方出版社出版，原名《文物与物理》。

　　本书将考古学与科学史相结合，在大量文物中拣集了与物理学相关的一部分，淡化文物的考据与论证，避开刻板的物理定义与深奥的原理阐释，辅以大量插图，从物理角度解读文物中蕴藏的科学知识，发现古人在生活实践中的创造与智慧。

　　此次重新出版，我们更换并调整了部分较为模糊的图片，修正了一些数字、错字等引起的知识性错误。并请作者重新审订了全稿，严格把关文物信息、人物名称、物理术语等方面问题，以保证相关知识的准确和严谨。此外，将原书页下注中的文献注解移至最后，作为参考文献，如有需要可以查阅。

　　限于编者水平，书中可能仍存在部分不妥，敬请读者不吝指出。

服务热线：133-6631-2326　188-1142-1266

读者信箱：reader@hinabook.com

后浪出版公司
2020 年 9 月

图书在版编目（CIP）数据

文物中的物理 / 戴念祖著. -- 北京：北京联合出
版公司, 2021.1 (2021.12重印)
　ISBN 978-7-5596-4510-4

　Ⅰ.①文… Ⅱ.①戴… Ⅲ.①物理学史—中国—青少
年读物 Ⅳ.①O4-092

　中国版本图书馆CIP数据核字(2020)第158123号

文物中的物理

作　　者：戴念祖
出 品 人：赵红仕
选题策划：后浪出版公司
出版统筹：吴兴元
编辑统筹：梅天明　李夏夏
特约编辑：张　妍
责任编辑：高霁月
营销推广：ONEBOOK
装帧制造：墨白空间

北京联合出版公司出版
（北京市西城区德外大街83号楼9层　100088）
天津中印联印务有限公司　新华书店经销
字数220千字　690毫米×960毫米　1/16　17.5印张
2021年1月第1版　2021年12月第3次印刷
ISBN 978-7-5596-4510-4
定价：60.00元